贝克知识丛书

GESCHICHTE DER ANTIKEN TECHNIK

古希腊罗马技术史

Helmuth Schneider
[德]赫尔穆特·施耐德 著
张巍 译

上海三联书店

在本书中，赫尔穆特·施耐德对古希腊罗马时期的技术和工艺的重要意义和发展做出了概述，并以清晰易懂、内容丰富又简明扼要的方式呈现给了读者。在简短地介绍了古希腊罗马的技术在埃及及古代近东的起源之后，作者就将论述的中心推进至对希腊和罗马文明的阐述中去。他对农业、农产品加工、采矿和冶金、手工业、建筑工程、运输业、基础设施建设、文字交流、机械学、计时技术和军事领域中的技术发展进行了介绍，并对当时相关的专业书籍文献针对工艺所进行过的理论探讨予以了阐释。

赫尔穆特·施耐德时任卡塞尔大学古代史教授。他是《新保利古代文明百科全书》[1]的主编之一，并撰写了大量与古希腊罗马时期的技术史有关的著作。

① 《新保利古代文明百科全书》(*Der Neue Pauly. Enzyklopdie der Antike*，简称《新保利》）是目前关于古代文明的最全面、最具权威性的现代百科全书，收录条目近2万。全书自1996年出版起，至今共出版主体内容18卷，索引1卷、补遗本14卷。《新保利》修订自1893—1978年间出版的《保利古典学实用百科全书》(*Paulys Realencyclopdie der classischen Altertumswissenschaft*，简称《老保利》，共85卷)。——译者注

目 录

引言
古希腊罗马时期作为技术史的一个纪元

今天，人们达成共识，现代工业社会的生产制造、交通以及通信系统，究其根本都是由技术及技术革新所决定的。信息处理和大型技术系统，如水、能源和信息的供应网络的重要性仍在持续扩大。鉴于技术变革在当今世界的重要意义，史学界将更大的精力投入到技术史的研究中。在此过程中，一个观点得以确立：前现代农业社会的技术，同样是一个重要的历史研究课题。在较新的技术史著作中，技术这一概念普遍被定义得不仅适用于工业社会，还同样适用于前现代社会：按现代技术理论来理解，技术——一般来说——涵盖了那些以获取和转换资源材料以及制造产品为目的，而投入的人类制造物、人造装置体系、制造工艺流程和其他人类行为。

尽管工业革命应被理解为人类历史上的一次重大转折，且在其之前的社会形式皆可被定性为工业革命前的农业社会，但技术史仍承担着一个重要的任务，那就是对技术的发展进行精确地分期，即从技术的角度将技术史的各个时代分隔开来。对此，可以将各个技术系统存在的条件作为划分准绳。每一个时代所使用的工具或机械，以及在生产中所运用的工艺流程、操作方式都不是孤立存在的，而是体现出彼此间紧密的关联。在古希腊罗马时期，柏拉图[①]就已在不同的技术领域持有这种观点。他在其《理想国》和《政治家》的对话中指出，一个手艺工匠是在为其他手工业行当制造工具，譬如，一个细木工会去制作在纺织业中使用的梭子。按照柏拉图的观点，即便是农业也不仅仅只为大众提供食物，还为车夫提供拉车的牲畜。如此看来，一个时代纪元中的技术，展现出一个集合了诸多工具、机械、设备和工艺流程的总和，而这一总和可被视为一个技术体系。如果古希腊

① 柏拉图(Platon，前427—前347)是古希腊伟大的哲学家，生于雅典或阿提卡的埃伊纳岛。他是苏格拉底的学生，亚里士多德的老师。柏拉图是西方客观唯心主义哲学的创始人，提出了乌托邦式社会的构想。其思想大多以对话录的形式流传下来，如《申辩》《普罗泰戈拉》《理想国》《斐多篇》《政治家》等。——译者注

罗马时期有必要被视作一个技术史上的纪元的话，就必须先对这一时期技术的基本特征进行描述，并对古希腊罗马时期的技术与其之前及之后的技术进行明确的区分。

对于古希腊罗马技术的最根本特征，必须提到农业的主导性，当时的生产力是如此低下，以至于人口的百分之八十必须在田间劳作，以便为其自身及其他居民提供足够的食物和其他农产品。此外，一个社会所能支配的能量来源也在此起着至关重要的作用。在古希腊罗马时期，这方面所涉及的主要是人和动物的肌力；水力直到古罗马元首制早期[①]（由奥古斯都大帝始，前27—前14在位）才得到运用，而且基本只局限于用来研磨粮食。除此之外，燃烧木材和木炭，为烹制食物，以及为如金属加工或烧陶等各类手工业工序提供热能。作为第三个基本特征则必须提到工具的应用。古希腊罗马时期的技术是手持式工具的技术：在生产中，工匠们使用简单的工具或简易的机械装置，把自身的肌力运用到工具上来加工工件，使它们符合工匠们想象中成品的样子。在那些古希腊罗马时期大量加工的金属种类中，红铜、青铜

① 古罗马历史可大致划分为四个阶段：王政时期（前753—前509），共和国时期（前509—前27），元首制时期（或称帝国时期，前27—约284），古罗马晚期（284—600/700）。——译者注

和铁最为重要。

中世纪如同古希腊罗马时期一样，是以农业为主的社会，在这方面和古希腊罗马时期在社会结构上并没有什么不同，但相对于后者，这一时期却在技术上取得了更为重大的进步：对机械传动装置的改良以及凸轮轴[①]的发明，使水车的旋转运动转换为往复或锤捣运动成为可能。由此，水力即可被应用于诸如切碎矿石、驱动冶炼用的风箱、矿山的排水设施、对织物的缩呢毡合抑或抽拉捻线等各式各样的工艺过程中去。借助水力运作的磨坊和生产作坊，在中世纪的手工业中得到了广泛的普及。另一个进步是，在冶金业和精密机械业中出现了以重量牵引驱动的计时装置。另外，在农业中，技术创新的推进也清晰可见。像三田轮种法（在一块田地上种植不同作物两年后，休耕一年的做法）的采用以及经改良的农机具的使用，使农业产出得到了大幅度的提高。这些革新给技术带来的改变是如此深远，以至于人们可以

---

① 凸轮轴在今天主要运用于活塞发动机中，控制气门的开启和闭合。在中世纪时它则常与水轮相连，用来锤捣粮食、布料等。当时的人们将水轮的轴承延长，在加长的轴杆上安设数个凸起或短木棒（今天凸轮的截面成鸡蛋形），成为凸轮。这些凸起随水轮转动，就可使与它们相接的重锤抬起、落下，做锤捣运动。——译者注

将古希腊罗马时期和中世纪的技术明确地区分开来。

古希腊罗马继承了许多来自埃及和近东的技术成果。虽然埃及和美索不达米亚在雕塑、纪念性建筑和基础设施建设领域中取得了卓越的技术成就，但之后的希腊和罗马在技术上的发展，依然清楚地显示出与古代近东技术上的区别。广泛普及的铁器加工、陶器生产中的新型生产方式、玻璃制造业中的新工艺、土木工程中新式操作方法的运用、新型建筑材料的使用和从简单的机械辅助工具向高性能装置的发展等，都表明了古希腊罗马时期的技术，相对于古代近东这个更古老文明所拥有的技术，更具独立性。

基于这个认定，就可以对古希腊罗马技术的历史方位进行精确地界定：前工业社会的农业社会在新石器时代诞生，这一过程也常被称为“新石器时代的革命”。在公元前1万年到公元前8千年之间，西亚地区的人们开始通过种植业和畜牧业来储备食粮，这也就与手工业技术的发展联系了起来:那时,人们开始用黏土制作陶器、用羊毛纺制衣服。伴随定居性的生活方式，人们也开始建造房屋。随着人们对火的掌握和对高温越来越纯熟的掌控，金属，首先是铜，可以被加工处理。这些进步为埃及和美索不达米亚大河流域高度文明的诞生奠定了基础，古希腊和古罗马的文明也恰恰植根于这些成就之上。

人类的农业社会形式一直延续至工业化初期。工业化的进程通过生产方式的根本转变、工厂体系的出现和市场经济的施行，迫使传统的社会和经济关系屈从于一个持续的转变过程。在此层意义上，古希腊罗马时期可被视为技术史上一个重要的纪元，它在近东古老文明的基础上，很大程度地拓展了技术的可能性，并以此为中世纪和近代早期欧洲所取得的技术进步奠定了基础。

在此，还有一个事实应当引起注意：古希腊罗马时期技术的发展与技术行为领域的相关概念的产生紧密相关。现代的术语——至少是其中的一部分——仍源自希腊文和拉丁文的相关概念。譬如，近代的“Technik”（技术）一词，就出自于希腊语的 techne 这一起初用来称呼手工业中不同分支的词汇；这一词语已见于《荷马史诗》的关于铁匠或木匠工作的描绘中。

矿藏、土壤、气候和海洋——古希腊罗马技术在自然环境上的先决条件

一个社会的技术发展也要取决于这个社会所面对的

自然条件。经济活动和技术革新可被看作一个地区对其自然环境、气候和自然资源所带来挑战的回应。这一论断尤其适用于前现代农业社会。在这一社会形式中，人们缺乏全面掌控自然的技术手段。正如古希腊罗马时期的技术发展，就在很大程度上受到地中海地区地理条件的影响，尤其是那些为这一地区的农业利用、原材料的开采加工、运输和货物交换提供可能性的地理条件。

地中海地区的气候条件在古希腊罗马时期并不利于种植作物，因为在这里，夏季有一个持续时间很长的干旱期，而冬季则有很大的降雨量，这都是大量自西向东移动的低气压造成的结果。由于意大利和希腊境内起着屏障作用山脉的存在，这里的降水量自西向东明显递减。因为夏季众多河流都会干涸，所以就无法在这个季节对农田进行人工灌溉。粮食种植也就必须要适应这些气候条件：在旱地耕作中，人们必须在秋天雨季开始之前播种，在旱季来临之前收割。由于降水量的变化很大，耕地常常会因干旱而歉收。对于种植作物的选择，在很大程度上取决于各地区占支配地位的气候条件：小麦需要比大麦更大的降雨量；而油橄榄[①]则可以经受得住——某些几乎不能种植谷物的地区——夏季的干旱。

地中海地区的土壤大多缺乏养分和腐殖质。在这一前提下，给土壤施肥就变得极其重要。不过，在有些地区也存在着甚为肥沃的土壤，它们抑或是河谷中的冲积土——如西班牙南部的拜提斯河谷（今瓜达尔基维尔河谷）——或是火山土——如在伊特鲁里亚[①]、那不勒斯湾的维苏威火山附近或西西里岛上的埃特纳火山周围。由此可见，除了那些对于农业生产来说条件较为严苛的地区外，也存在着个别农作物相对高产的区域。

地中海地区的种植面积，因为许多在海岸线后方直接隆起的山脉而严重受限。在陡峭的山壁上无法种植粮食，而油橄榄树也不能种植在地势较高的地区，因为它们对霜冻很敏感，遇到持续时间稍长一些的霜冻它们就会枯死。基于这些情况，山区在经济上并不能得到很充分的利用，它们中的大多充其量被用于木炭的生产、沥青的制造或是夏季的粗放型游牧经济（牲畜的季节

---

① 油橄榄又称木樨榄，是一种木樨科木樨榄属的常绿乔木，树龄可达数百甚至上千年，其果实主要用于榨制橄榄油。人为种植油橄榄始于公元前4世纪。——译者注

① 伊特鲁里亚是古代城邦国家，位于今意大利中部。——译者注

性迁移）。

地中海地区的金属矿床分布极为不均。地质年代较轻的石灰岩山区几乎没有什么矿产资源，富含贵金属的矿石岩层集中在地质年代较老的山脉之中。地中海东部的罗多彼—基克拉迪山脉就属于此，它从色雷斯[①]起始，经过阿提卡[②]一直延伸至希弗诺斯岛并蕴藏大型金银矿床。伊比利亚半岛的西北、西南部以及卡塔赫纳[③]附近的地中海沿岸地区，也蕴藏丰富的贵金属矿藏。而塞浦路斯则是铜矿开采的中心。在地中海的许多地区都可以开采铁矿石，不过成铁的质量很大程度上取决于铁矿石的成分，而高品质的铁只来自少数矿层。地中海地区贫锡这一事实，为古希腊罗马时期的冶金业带来了严重的问题，因为锡是制造青铜这种比纯铜更容易加工的铜锡合金的必要元素。

鉴于地中海地区的地理条件，古希腊罗马的社会群体无法自给自足，单一的城市、族群或统治者必须依赖

---

① 色雷斯是古代以及今天历史和地理学上的一个地区概念，它包括了今保加利亚南部、希腊北部和土耳其的欧洲部分。色雷斯人骁勇善战，但很早就受到古希腊文化的影响。——译者注

② 阿提卡古代以及今希腊的地区名，雅典是阿提卡地区历史最悠久的城市。——译者注

③ 卡塔赫纳是位于今西班牙南部的沿海城市。——译者注

与其他地区进行货物交换。这一前提促成了贸易在整个地中海范围内的蓬勃发展。地中海地区的真正中心——海洋——在当时充当着天然基础设施的作用，它把各个沿海区域和国家联系起来。航海业因若干因素得到了优先的发展：海岸线近旁的高山和众多的岛屿，使从海上辨认方向更为容易；无云的天空，让人们在夜间也可以依据星星的方位来确定航向而继续航行。海洋还决定着当时地中海地区经济和文化交流的节奏，因为在冬季由于风暴的原因，海上航行必须中止，而贸易和运输活动也会随之中断。

综上可见，地中海地区给它的居民提供了一个总体来说无疑是很良好的生存条件，但它贫瘠的土壤和普遍偏低的农业产出、不均衡的金属矿藏分布、在经济上只能以粗放的方式加以利用的山区，以及强烈的气候波动，对古希腊罗马时期的人们来说，也意味着努力确保自身的生计就是一个巨大的挑战。

第一章

古希腊罗马的技术和技术工程师

古希腊罗马时期对技术行为和利用自然的看法

一个文明中的技术如何发展，除了取决于其自然空间的资源状况，还取决于诸多其他因素。统治形式、社会结构和宗教信仰等都会对物质生产产生影响。除此之外，起决定性作用的还有在一个社会中是否对技术行为的意义有所认识，以及人们是如何看待技术能力和工具的使用的。由于技术行为意味着对大自然的作用与影响，所以一个社会看待自然的态度，于其对技术的看法也起着至关重要的作用。

一个引人注意的事实是，在最古老的希腊文学作品中，技术行为就已经成为讨论的对象，而技术的功能也被思考和探讨。荷马在《伊利亚特》(*Ilias*)[①]中就描述了神祇赫菲斯托斯[②]是如何在他的锻造场劳作的，以及如何为阿喀琉斯[③]打造了一副盔甲。希腊人成功征服特洛伊最终还是通过建造了一匹巨型的木马，使他们藏身其内，然后侵入城市。荷马尤其把奥德修斯[④]描绘得拥

---

① 《伊利亚特》相传是由荷马所作的长篇叙事史诗，约成书于公元前760年至公元前710年，取材于特洛伊战争的传说。——译者注

② 赫菲斯托斯是希腊神话中的火神和工匠之神，为赫拉和宙斯所生。他的技艺非常高超，制造出了许多精巧又强大的兵器和装置。他还是美神阿芙洛狄忒的丈夫，但其本身长相并不英俊，还因儿时失足跌落奥林匹斯山，跛了脚。——译者注

③ 阿喀琉斯是希腊神话和文学作品中的一位英雄人物，为色萨利国王佩琉斯与海洋女神忒提斯所生，是经典的半神半人。他参与了特洛伊战争，以勇气、俊美和体魄著称，有“希腊的第一勇士”之称。不过两个脚踝是他的弱点，因为其母亲在其出生后，捉住其脚踝放入神水（冥河或天火）中以吸收神力，两个脚踝却因此未吸收到神力。在某些文学作品中，阿喀琉斯即死于特洛伊王子帕里斯射中他脚踝的箭伤。——译者注

④ 奥德修斯是荷马的另一部史诗《奥德赛》中的主人公、希腊传说中的英雄人物、伊萨卡岛之王，特洛伊战争因其所献木马之计取得胜利。《奥德赛》中讲述了奥德修斯在战争结束后，返航途中的历险故事。——译者注

有很高的技能。为了能离开海之女仙卡吕普索之岛[1]，奥德修斯为自己建造了一艘小船；在与独眼巨人波吕斐摩斯的对抗中，他依仗着技术上的纯熟击败了比他强大的敌人；而他的妻子佩涅洛佩在经历了二十多年的离别后，再次辨认出丈夫奥德修斯。在史诗中的关键一幕中，关于奥德修斯以前是如何在伊萨卡岛的宫殿中，建造他的卧房和床铺的描述，发挥了至关重要的作用。另外，赫菲斯托斯娴熟的技艺还通过法伊阿基亚人[2]岛上的歌者吟咏的一首歌谣进行了强调："神祇精锻造，打制纤巧网，无影又无形。妻子乃爱神，阿芙洛狄忒。战神阿瑞斯[3]，与之相私通。以网无形功，共捕在于床。"远道而来的其他神祇对此评价说："行动迟慢的，确切地说，跛脚的赫菲斯托斯，通过他的技能（techne）捉住了行动敏捷的阿瑞斯。"技术手段的运用对荷马来说，是与对较强大

① 女仙卡吕普索曾把归家心切的奥德修斯留在她的俄古癸亚岛上住了7年。最后在宙斯的干预下，女仙才同意奥德修斯返乡。——译者注

② 法伊阿基亚人是荷马史诗《奥德赛》中描述的一个居住在海岛上的民族，生活富足，善航海、织布等。奥德修斯在他迷途的最后一站到达了这座小岛。——译者注

③ 阿瑞斯是希腊神话中的战神，宙斯和赫拉之子，魁梧、敏捷、尚武好斗。——译者注

者的迷惑和欺骗联系在一起的。也就是说，在早期的希腊文学作品中，存在着一种技术与诡计的紧密关联。

在《荷马史诗》中，像雅典娜和赫菲斯托斯这样的男女神祇，以宝贵工具的创造者和手艺技巧（technai）传授者的身份出现，技术行为也就通过这种方式获得了其正当性。譬如，雅典娜就传授给佩涅洛佩和法伊阿基亚的妇女们以织布的本领，还以木匠老师的形象显现并帮助了英雄人物厄佩俄斯[①]建造木马。这些关于神祇们所带来的影响的叙述，在荷马为赫菲斯托斯所撰写的赞美诗中又发生了新的变化。诗中意指，正是这些技术上的馈赠，使得此前如野兽般生存的人类，第一次拥有了一种有人类尊严的生活：

> 与雅典娜——那有着似猫头鹰眼睛的女神——一起，他（赫菲斯托斯）教授地上的人类以精妙的事物，那些当年还如野兽般穴居山洞的人啊。
>
> 如今，在那广有盛誉的大行家赫菲斯托斯的教导下，他们学会了创造，轻松度日直到终年，

---

① 厄佩俄斯是位拳击能手、运动健将，参加了特洛伊战争，是特洛伊木马的建造者。——译者注

居住在自己的屋舍中，祥和又平安。

[（德语版由）A. Weiher 翻译]

这种看待技术的观点，特别在关于普罗米修斯的神话中成为主题，这位神话人物已见于赫西俄德[1]的作品中。在赫氏（约公元前700年）的诗歌中，普罗米修斯盗取天火的行为看起来还完全是出于饮食的角度：火种对肉食的烹制是必要的，这也是为什么在这一神话的开端，有因祭品肉的分配产生争执的一幕。

在希腊古典时期（前500—前323）的诗歌和哲学作品中，普罗米修斯神话被赋予了一个新的含义：在埃斯库罗斯[2]（约前525—前455）的悲剧中，泰坦[3]普罗

① 赫西俄德是古希腊著名诗人，生于比奥西亚境内，被称作“希腊训谕诗之父”，其存世的作品是《工作与时日》和《神谱》。——译者注

② 埃斯库罗斯是古希腊重要的悲剧诗人，有“悲剧之父”之称，与索福克勒斯和欧里庇得斯并称古希腊最伟大的悲剧作家。他生于阿提卡地区，代表作有《被缚的普罗米修斯》《阿伽门农》《复仇女神》等。——译者注

③ 泰坦是希腊神话中的古老神族，曾在奥林匹斯诸神之前统治世界，后被以宙斯为首的奥林匹斯神族推翻并取代。泰坦是天穹之神乌拉诺斯和大地女神盖亚的子女，按照赫西俄德的《神谱》所说，第一代泰坦共有十二位，六男六女。——译者注

米修斯不仅给人类带来了火种，还带来了重要的文化传承技术，譬如文字和数字的知识；此外，他还传授给人类所有基本的技巧（technai）。这些技巧在一大段戏剧独白中被列举了出来，其中包括拴套拉车的牲畜的方法、航海和金属加工中的学问等。这篇独白以所有凡人的技艺（technai）都来自普罗米修斯这样一个自信的断语作为结束。不过在埃斯库罗斯的作品中，普罗米修斯对人类的馈赠还是会让人产生一些矛盾的心理，因为普罗米修斯违背宙斯的意志行事，还为此受到了惩罚[①]。

柏拉图（前429—前347）在他的对话录《普罗泰戈拉》[②]（*Protagoras*）中，将技术视为人类的天性：诸神委托普罗米修斯的兄弟厄庇墨透斯负责创造生灵一事，最终很是失败。[③]因为，相对于动物，他造出的人在其

---

① 普罗米修斯因盗取天火之事触怒了宙斯，宙斯因此将他锁在高加索山的悬崖上，每天派一只鹰去啄食他的肝脏，又让其肝脏每天重新长好，使他日日承受被鹰啄食肝脏的痛苦。——译者注

② 在《普罗泰戈拉》中，柏拉图为读者再现了壮年时期的苏格拉底与当时极负盛名的学者普罗泰戈拉的一次对话。对话的主题围绕美德是否可教展开。普罗泰戈拉最著名的命题是“人是万物的尺度”。——译者注

③ 厄庇墨透斯（Epimetheus，意为：“后见之明”）是普罗米修斯（Prometheus，意为：“先见之明”）的兄弟。相较于聪明、坚韧的普罗米修斯，厄庇墨透斯愚蠢又胆小。这两位第二代泰坦

所处的自然环境中没有存活下去的能力，其生存备受威胁。柏拉图用短语式的措辞强调地指出，人是“赤条精光的，赤足无履的，身无遮拦又无防身利器的”。[①]在这种紧急的状况下，普罗米修斯给人类带来了火种和技术上的才智（entechnos sophia），使人有了使用火的能力。有了这些，人类虽然能够制造出住房、衣服、鞋子、被子和食物，但孤立生活着的人仍无法与野兽抗衡。对柏拉图来说，仅仅是技术上的能力还不足以让人类在城市中共同生活，所以宙斯又赋予了他们羞耻心（aidos）和正义感（dike）。

柏拉图对于技艺（technai）是由于人类属性上的缺陷才具有必要性的这一观点，后来被亚里士多德[②]（前

曾受命创造动物和人类，并赋予他们各种生存的本能。厄庇墨透斯慷慨而不假思索地将力量、速度、敏锐的视力等能力一一赋予了各种动物，在轮到人类时却什么也没剩下了。所以人类在自然界中就既不是最勇敢的，也不是最强悍的，既不是最快的，也不是最敏锐的，生存很艰难。普罗米修斯见人类可怜，才将火种从诸神那里偷来给人类。——译者注

① 意指人没有覆身的皮毛、硬蹄、壳鞘、尖牙利爪等。——译者注

② 亚里士多德是古希腊伟大的哲学家，柏拉图的学生、亚历山大大帝的老师。他与苏格拉底和柏拉图一起被誉为西方哲学的奠基者。其著作涵盖诸多学科，如物理学、力学、形而上学、逻

384—前 322）予以了反驳。他指出，人是因为其直立行走的姿势，而拥有了能够利用各类工具功用的双手。也就是说，亚里士多德认为，人是因为其身体结构和智力水平才优于其他所有生物的。人类的这种优越感已经在希腊悲剧中得到了一个经典的表述：索福克勒斯[①]（约前 497—前 406）的《安提戈涅》（*Antigone*）中有一场合颂，其中描绘了人类如何在他们固有的生活空间胜过了其他所有的动物：人类捕捉空中的飞鸟，用网捕获海中的游鱼，还给山中的公牛挽上轭，为己所用。

农业耕作是得墨忒耳神话的主题。希腊古风时期（前 700—前 500）的一首赞美诗，讲述了主管丰收和粮食的女神得墨忒耳的故事：这位女神因为爱女佩尔塞福涅被哈迪斯[②]劫掳至冥界而极度悲伤，无心管顾农业事务，任由庄稼在地里枯萎，以至于人类的生存亦受到威胁。

辑学、伦理学、音乐、诗歌、政治学，等等。其众多著作被编录成《亚里士多德文集》（*Corpus Aristotelicum*），分逻辑、物理和科学、形而上学、伦理以及美学五大类。——译者注

① 索福克勒斯是古希腊著名剧作家，和埃斯库罗斯、欧里庇得斯并称古希腊三大悲剧诗人。其剧作的主题多围绕个人意志与命运的冲突，代表作有《俄狄浦斯王》《安提戈涅》《俄狄浦斯在科隆纳斯》等。——译者注

② 希腊神话中统治冥界的神，天神宙斯和海神波塞冬的兄弟。——译者注

直到宙斯对此事进行干预，佩尔塞福涅每年有三分之二的时间可以从冥界返回人间。这段时间内，得墨忒耳就让庄稼重新生长，[①]而同时，人们也向女神献祭。由此一来，土地的丰收和庄稼的种植也就建立在神祇之间约定的基础上，它们对于人类也就有了长期的保障性，而对田地的耕作，也通过向女神奉献的祭品在宗教上有了合法性。

关于人与自然环境之间关系的问题，也在公元前4世纪的哲学作品中得到了探讨。譬如色诺芬[②]（约前430—前355）在他记录苏格拉底言论的《回忆苏格拉底》（*Memorabilia*）中，就表述了这样一个论点：众神是为人类而创造了世界，而且把它建造得尽可能地对人有利。土地的首要功用是为人提供所需的食材。对于那些认为有利的气候条件、四季的交替、日照以及昼夜的更替也为其他生物提供有益条件的反对意见，被以动物也是因人之所需而存在的说法予以了反驳。这一观点又以指出

① 在佩尔塞福涅回到冥界的时间里，地上的作物就又因得墨忒耳的忧伤而萎谢，这也就是希腊神话中给出的，冬天庄稼不生长的原因。——译者注

② 色诺芬是古希腊的军事家和文史学家，苏格拉底的学生，以记录当时的希腊历史和苏格拉底语录而著称。代表作品有《长征记》《回忆苏格拉底》等。——译者注

动物为人提供奶汁、乳酪和肉类，并作为役畜供人驱使之说加以了证明。

亚里士多德也持有类似观点。他在《政治学》(*Politik*) 一书的开篇就表达了如下的见解："植物为动物而生，而动物又为人而生，那些驯服的，既可供人使用也可供人食用，而那些未驯化的，即使不是全部，至少大部分也可用作食材或为其他生活所需所用，衣物和工具都能从它们身上获得。"而这段话，又以人类决然对其自然环境具有支配权的表述作为结语："因为如果说大自然的行事，既不是漫无目的又不是徒劳虚妄，那么就必须认为，它是因人类的缘故而做出了这一切。"

斯多葛派[①]的哲学假定世界是个理性的创造物，其学说后来被古罗马帝国的政治精英们所接受，其理论也认为人类利用自然是正当的。西塞罗[②]在他的著作《论

---

① 斯多葛主义是古希腊罗马时的思想流派，由哲学家芝诺创立于前3世纪早期，秉持泛神主义物质一元论，反对如精神世界与物质世界、灵魂与身体等任何形式的二元对立，认为神、人、自然皆为一体；重视个人德行与意志的培养，认为其他皆为身外之物，是自然循环往复的一部分。代表人物有塞内卡、罗马皇帝马尔库斯·奥勒留、埃比克泰德等。——译者注

② 西塞罗(前106—前43)是古罗马著名的政治家、演说家、哲学家和作家，曾担任罗马共和国执政官，其文学作品至今仍被奉为古典拉丁语的经典。西塞罗还将许多希腊的哲学作品转译成

神性》(*De natura deorum*)中，用这样的话表述了斯多葛派的学说："同样的，人也对地上的万物有着绝对的统治权：我们从田野和群山中获取有益之物，江河湖海都为我们所有；我们播种粮食、种植树木，把水引到我们广阔的土地上，让它变得肥沃；我们给河流筑坝，决定并引导它们的流向，是的，我们尝试着用双手在大自然中创造出第二个大自然。"

不过当时也存在着一些针对技术行为的宗教上的保留意见和哲学上的异议。在这点上，历史学家希罗多德[①]（约前484—前424）谴责波斯国王薛西斯[②]时所发表的见解经常被引用。谴责的起因是：这位国王为了使他的步兵和舰队能够更容易前进，让人架设了一座横跨

拉丁语，介绍给罗马人。斯多葛学派的思想也通过他有力的阐释，在罗马广泛传播并被接受。——译者注

① 希罗多德是著名的古希腊作家，被西塞罗称为"历史之父"。著有《历史》（又称《希腊波斯战争史》）一书，其中讲述了古希腊城邦、波斯帝国、近东等地的历史、文化、风土人情，以及波希战争史，是西方史学中首部较为完备的历史著作。——译者注

② 薛西斯一世（约前519—前465）是波斯帝国的国王，公元前485至公元前465年间在位。——译者注

赫勒斯滂的大桥[①]，并且开凿了一条贯穿阿索斯半岛[②]的运河。有时，人们还会引用希罗多德提到过的一个神谕，其中讲述了柯尼多斯人[③]受到宙斯的指示，停止了会将半岛从大陆分割开来的一条运河的建设工程。不过不应忽视的是，希罗多德也对一座在一些年前，由大流士一世[④]发起兴建的横跨欧亚海峡的浮桥(公元前 513 年)进行了描述，行文中不但没有表现出像上面那样的质疑，他甚至还以具体的姓名提及了主持建造这座大桥的希腊人曼德罗克雷斯，并且将夸赞此人功绩的箴言诗进行了逐字的摘引。又如，那条由尤帕里诺斯于公元前 6 世纪，在萨摩斯岛[⑤]上为修建引水道而主持建造的隧道，在希罗

① 赫勒斯滂即今天的达达尼尔海峡，位于土耳其西北部，连接马尔马拉海和爱琴海，是亚洲和欧洲的分界线之一，且是连接黑海及地中海的唯一航道。薛西斯的浮桥建造于公元前 480 年。——译者注

② 阿索斯半岛即今希腊北部的圣山半岛。——译者注

③ 柯尼多斯位于今土耳其西南的达特恰半岛 (Datça) 的尖端，该半岛地势狭长，全长 80 公里。——译者注

④ 大流士一世 (? 一前 485) 是波斯阿契美尼德帝国的君主，薛西斯一世的父亲。在位期间重整濒临瓦解的波斯帝国，拓展疆土，带领帝国进入鼎盛时期，但其三次征服希腊的尝试却均没有成功。——译者注

⑤ 萨摩斯岛是希腊岛屿，位于东爱琴海，古时为爱奥尼亚文化的中心。——译者注

多德看来，如同那里的港口防波堤一样，都属于该岛的重要建筑。在此处，对自然地貌的改造也没有被以批判的眼光来看待。以此来看，认为希罗多德对技术行为持有普遍的批判态度，几乎是站不住脚的。

对人类的文明从根本上持批判态度，并因此也对所有技术成就持相同观点的是那些犬儒主义者们[①]。这个哲学流派的创始人第欧根尼[②]（约前412—前321），倡导清心寡欲和放弃使用所有在他看来是多余的人造物。虽然这样的观点也可以在譬如塞内卡这样的斯多葛派人物的著作中找到，但它们只是些边缘性的立场，并不会对古希腊罗马社会对技术和技术发展所秉持的态度产生

---

① 犬儒主义由苏格拉底的学生、雅典人安提西尼(Antisthenes，前445—前365）创立，并由其弟子第欧根尼发扬开来，主张摆脱一切世俗利益而追求唯一值得拥有的善。但由于犬儒学派对绝大多数事物抱有消极态度，“犬儒主义”一词在今天普遍带有贬义，意指对人类真诚的不信任，对他人的痛苦漠不关心的态度和行为。——译者注

② 锡诺普的第欧根尼（Diogenes von Sinope）是古希腊哲学家、犬儒派的代表人物，强调禁欲主义，过朴素、自然的生活。他自愿住在一只木桶（或是埋葬死人的大瓮）里，像乞丐一样生活。其最著名的逸事是：一次，第欧根尼正在晒太阳，年轻的亚历山大大帝来拜访他，问他是否有什么需要。第欧根尼回答说：“我希望你闪到一边去，不要遮住我的阳光。”亚历山大对身边的人说：“我若不是亚历山大，我愿是第欧根尼。”——译者注

真正的影响。

在古希腊罗马时期，人们对技术上的成就给予了很高的赞美：荷马笔下的人物奥德修斯，就在史诗中赞叹法伊阿基亚人的港口、船舶和城市。世界七大奇迹的名录也主要列出了那些技术上复杂的建筑。即便是在这个名录之外，也是那些像普特欧利港口的防波堤[①]这样的实用建筑，在历史著作和诗歌中被大加颂扬。老普林尼[②]甚至认为，在这个世界上，没有什么比罗马的引水道更值得赞叹的事物了。早在古希腊时期，人们就经常追问一件事物最先是由谁发明的；之后在古罗马时期，记录发明者的正规名录由老普林尼这样的作者整理出来。这些史实证据都明确地证明了，古希腊罗马社会中占主导地位的，是对技术行为和技术本身所持的积极态度。

---

① 普特欧利即今意大利的波佐利（Pozzuoli），为那不勒斯附近的沿海城市，古时的重要港口。公元前2世纪初期，人们在这里修建了防波堤，以抵御危险的南风。——译者注

② 老普林尼（盖乌斯·普林尼·塞孔杜斯 Gaius Plinius Secundus，23—79）是古罗马重要博物学家、军人，小普林尼的舅舅。他于77年写成的《自然史》（又译《博物志》）是一部影响深远的百科全书，涉及了天文地理、人种物种、农业药业、矿产冶金、艺术工程等诸多领域。——译者注

农民、手艺工匠和技术工程师

在一篇针对古希腊罗马技术进行的论述中，还必须对这样的一个问题进行设问：是否在当时已存在一个由技术工程师所构成的群体，而其成员可被看作技术进步的推动者，并由此被称作技术精英。对此还需厘清的是，这些技术精英是以何种方式区别于广大的农民和手艺工匠的。

在前工业社会，人们很少从技术行为的角度来看待农民，虽然他们也在诸如种植或给田地施肥时，使用像犁、脱粒机或镰刀这样的工具和一定的工作方法。不过那时的农民通常是依经验、知识行事，牢牢地把持着代代相传的工具和操作方法。而大庄园主们则更容易接受技术上的创新，他们拥有为购置新设备或尝试新工艺所需要的资金上的回旋余地。当时的农业类专业书籍，已对获得最佳收成所需的知识做了系统的介绍。亚里士多德就已经提到过这样的著作，这类书籍的巅峰之作当属1世纪时，科鲁迈拉[①]的农业手册《论农业》(*De re*

---

① 鲁奇乌斯·尤尼乌斯·莫得拉图斯·科鲁迈拉（Lucius Iunius Moderatus Columella，约4—70）是出生于今西班牙加德斯

rustica）。农业技术以这种方式，成为专业书籍领域的一个重要主题，这个事实应被视为古希腊罗马农业中技术进步的一个重要前提。

在早期的古希腊文学作品中，对于手工业特征的刻画是通过提及工具的使用、材料的加工和物品的生产来进行的。在希腊语中，手工业活动被称为techne，手工业在希腊思想中是技术行为的典型情况。大量史实证据显示：手工业者在古希腊罗马时代社会中的地位很低，有时甚至会被蔑视。色诺芬在《家政论》[①]（*Oikonomikos*）中，将那些在古希腊文学中被贴上粗鄙标签的手工业劳作之所以被嫌恶的理由，做出了如下概括：手艺劳作有损身体，因为手艺工匠被迫一动不动地坐着，而且在室内工作，有时甚至还要在火的近旁；随着身体的柔弱化还会出现精神意志的软化，使得这些人无力保卫自己的

的古罗马作家。著有以散文体写成的《论农业》，共12卷，此书是除老加图的《农业志》（*De agri cultura*）外，最重要的关于古罗马时期农业的文献。——译者注

① 《家政论》是色诺芬在约公元前385至约公元前370年间，写成的一部关于家政和农业的对话体书籍，其中对话的两个人物是苏格拉底和克里托布洛斯（Kritobulos）。此书被西塞罗译成拉丁语，直至18世纪还被人们广泛阅读并奉为经济类书籍的经典之作。——译者注

国家。亚里士多德的言语中也体现出相同的思想结构：在《政治学》一书中，劳作被评价为对身体最有害的粗鄙、庸俗之物。在西塞罗的《论责任》（*De officiis*）一书中，可以读到一份职业目录，在其中，体力劳动也被予以了负面的评价。

但工匠们自身却并不认同这种贬低性的评判。像公元前6世纪和公元前5世纪时的瓶画家们，就在阿提卡陶器上绘制了正在劳作的工匠，而其中丝毫看不出对手艺劳作所持的负面看法。古罗马工匠的墓碑和碑上的浮雕，也对此表达明确的态度：死者生前所从事的手艺行当在碑文中被自豪地指出，而浮雕则展示他在作坊劳作的情形。正如玻璃制造业的发展所展现出来的，当时的工匠们有着相当的创新能力，不过，他们在真正意义上仍不等同于技术精英。

在一部新近关于工程师历史的专著中，这个职业群体被如此界定：这是一些"在各个历史时期中，于责任重大的岗位上，解决技术和组织上的难题"（W. Kaiser/W. König）的人。在古希腊罗马时期，建筑师和机械师是最符合这一定义的人群。

宏伟神庙的建造工程，不仅是古风时期希腊技术发展的一个重要诱因，而且还推动了新的组织调动机制的建立。因为这种大型工程需要有力的技术指挥。在建造神庙时，建筑师们——这个称呼相当于希腊语中的architekton一词——不仅要负责建筑的设计，还必须解决建筑工地上的大量技术性问题。建筑师们也从中获得了强烈的自我意识，这些可以从他们的著作中感受到。

在希腊化时期，建筑师们的身边又出现了机械师。他们分析杠杆、楔子、滑轮、绞盘和螺旋这些机械装置的效应，并借助他们在数学上的知识和对自然现象的认知，改进旧机具抑或设计新机具。机械师们在民用技术的许多领域中施展拳脚，汲水装置的设计、压力机的改进或螺旋机具的发明，都应归功于他们的创造天赋；他们设计的自动装置，还被用于希腊化时期国王们的炫耀性用途。在军事领域，机械师们主要从事投石机的改良工作。

亚里士多德将手艺工匠和建筑师明确地区别。在亚氏看来，工匠的知识仅基于经验之上，而建筑师们却对他们的工作行事有着真正的认识，从而能够对一个技术过程发生的原因做出解释。因此，在一篇对古希腊罗马技术的论述中，要始终考虑到这样一个事实：在当时，除了那些依靠经验知识和例行习惯来劳作的农民和手艺工匠外，还存在着能力非凡的技术精英，他们能对技术问题在较高层面上进行思考，并创造性地予以解决。

第二章

古希腊罗马技术之渊源——埃及和古代近东

古希腊在其文明基础形成的古风时期（前800—前500）[①]，绝不是与其他地中海东部地区的国家、民族和文明相隔绝的，而是在与埃及及古代近东文明的紧密接触中逐步发展起来的。此外，还应提到的是，希腊早在青铜时代，就已经是一个与埃及和东方关系密切的文化

① 古希腊时期的历史一般被分为三大阶段：古风时期（约前750—前500）：希腊各城邦在黑海和地中海沿岸逐渐形成；古典时期（前500—前323）：希腊与波斯的战争、希腊两大城邦即雅典和斯巴达之间的战争；希腊化时期（前323—前31）：希腊文明在亚历山大大帝极大地扩张了领土后，传播到整个地中海及更远的地区。——译者注

中心。迈锡尼文明[①]在公元前第二个千年时，已拥有了相当的技术潜力，这可以由他们的金属制品以及那些恢宏的、以天然石材建造出的城堡体现出来。但在公元前12世纪间发生的，波及整个东地中海地区的大规模破坏和动荡之后，希腊文化发展的连续性没能得到保持，相反，像金属加工和制陶等手工业中的重要成就，都如文字这样的基本文明技术一样丢失了。

希腊人自己也意识到，他们的许多文明技术都应归功于埃及和近东。譬如希腊历史学家希罗多德，就在他关于埃及和埃及文化的长篇按语中指出：几何学是从埃及进入希腊的，他还将这一学科的出现，归因于每年尼罗河泛滥后重新对土地进行丈量的必要性；而将白天分为12个小时的做法以及日晷，则是希腊人从巴比伦人那里继承来的。在书作的另一处，希罗多德还提到，是腓尼基人把文字带到了希腊。

希罗多德对埃及人在文明和技术上的成就，进行了详细地评价并给予了赞赏。按照他的说法，是埃及人首

① 迈锡尼文明（前1600—前1100）是希腊青铜时代晚期的文明，以其中心迈锡尼城得名。此城位于伯罗奔尼撒半岛东北角，曾是统治爱琴海南部广大地区的重要城市。德国考古学家海因里希·施里曼在19世纪时，重新发现了该城。迈锡尼卫城的入口狮子门是遗址上的著名建筑。——译者注

先推行了把一年分为 12 个月、每月分为 30 天、外加 5 个闰日的历法，也是他们首先建造起了神庙并用石头造像。在希罗多德的描述中，第一任法老美尼斯建立埃及王朝之事，[①]也与技术成就、尼罗河的治理、为大地排水、城市的建立以及至圣场所的修建息息相关。对于金字塔的建造，希罗多德同样用了较长的篇幅来描写。以此看来，希氏这个希腊人在面对埃及这一既古老又卓越的文明时，关注的焦点也恰恰是在其技术成就上。

当希腊人于公元前 7 世纪和公元前 6 世纪间来到埃及时，这一文明已经存在了近 2500 年了。在尼罗河谷中，矗立着大量自公元前第三个千年的早期以来修建的墓葬建筑（其中就包括金字塔）和雄伟的神庙，在至圣场所中竖立各类神灵和法老们的巨大雕像。而在当时的希腊还既无神庙，也无等身石像的存在。希腊人认识到在他们面前的埃及，是一个古老而高度发达的文明，于是他们就接纳了这个文明中的基本元素。譬如在青年男子立像[②]中，他们就继承了埃及雕塑的形式，抑或在建筑领

---

① 美尼斯相传是古埃及第一王朝的建立者（约公元前 3000 年），也是第一位将古埃及统一起来的法老。——译者注

② 青年男子立像（库洛斯 Kouros 或 Kuros）是希腊古风时期一种男子立像的经典造型范式。此种立像一般为裸体全身像，男子静态直立，目视前方，左脚微微踏出半步，身体重心均匀地

域则采纳了以石头建造寺庙的做法。

鉴于尼罗河谷中那些令人赞叹的建筑和雕塑，不能忽视的是，埃及人早在公元前第三个千年的早期就已经发明了文字。尼罗河流域的农业和手工业，自那时起就已经高度发达：当时的饮食基础是谷物种植，而种植业已经与动物肌力的运用结合起来，因为自公元前3000年起，那里的人们就已开始用牛来犁地。在农田的灌溉方面，人们运用了例如Schaduf[①]这样的提水装置，使可种植的土地面积扩展到尼罗河水到达不了的地域。在收获后，粮食被以简单的手磨研磨。菜园的出产以及肉和鱼则为饮食提供补充。衣物在当时主要由以亚麻纤维制成的布料织造。陶器的生产在王朝时期之前就已得到普及，自公元前第3000年的早期始，陶轮被应用于陶器的塑形。从古王国时期开始，已出现青铜制品，青铜矿石开采自西奈山[②]和努比亚[③]。黄金被认为是最有

分摊在两条腿上，双手握拳并自然下垂。——译者注

① Schaduf是一种桔槔式提水工具，至迟在春秋时期也见于我国。它利用杠杆原理，借助石头的重力，省力地将水从河或井里提上来。——译者注

② 西奈山位于埃及的西奈半岛上。——译者注

③ 努比亚是尼罗河谷的一个地区，位于尼罗河在埃及境内的第一瀑布阿斯旺和在苏丹境内的第四瀑布库赖迈之间。——译者注

价值的金属，它主要用于制作神像和墓葬的装饰，不过也用来制作首饰。金属在大多数情况下以铸造的方式进行加工，对于板材有时会以冷作的方式锤击塑形。

尼罗河在当时充当着管理国家、货物运输和交换所需的交通道路的角色。在尼罗河上，埃及人使用可以逆流航行的大型帆船，其直角帆被绷在桅杆上的横杆——横桁——上。车辆在当时的陆路运输中还没有发挥作用，直到新王国时期（公元前第二个千年的下半叶），两轮战车才逐渐流行，它们被运用到战争和狩猎中。沉重的物品、巨型的石块或整个的石质雕像，被放置在滑橇上牵拉或借助轮子移动。作为古埃及人的卓越成就，绝对要数那些宏伟的建筑，尤其是金字塔的建造。在这里，人们还必须解决如何进行工作组织的问题，它关系到如何调动成百上千的人工，并且确保他们的生活供给。

希腊人与埃及的接触，主要是通过贸易、雇佣兵和个别贵族来进行的。有证据表明，从公元前7世纪晚期开始，就有希腊人在尼罗河三角洲西部的纳乌克拉提斯活动。这个聚居地在公元前6世纪时，发展成一个对希腊各城邦的商人来说很重要的贸易场所。而希腊雇佣兵遍迹于埃及南部的事实，也可以由阿布辛贝勒神庙[①]中

① 阿布辛贝勒神庙位于埃及阿斯旺西南，是拉美西斯二世

的希腊铭文得到证实。此外，希腊的贵族们，如来自雅典的梭伦[①]则游历了埃及，并了解了这个国家的文学和宗教。

除了与埃及的接触，希腊人还与叙利亚，从而也就与古代近东的文化建立了联系。在奥龙特斯河口[②]，希腊人建立了一个贸易据点，这个据点似乎成为当时爱琴海地区与近东交流的一个重要中心。按希罗多德的描述，希腊人已经对巴比伦有所耳闻，这座城市在规模和壮丽程度上均超越了所有当时已存的希腊城市。与埃及相似，美索不达米亚也在公元前3000年左右，借助文字的发展和灌溉系统的修造，形成了高度发达的文明。

近东和东地中海地区之间各种文化交流的重要中介人是腓尼基人，早在荷马的史诗中，他们就以驾船远航

于约公元前1264年至公元前1244年间修建的巨型神庙建筑群，由牌楼门、巨型拉美西斯二世摩崖雕像、前后柱厅及至圣所等组成。——译者注

① 梭伦是古代雅典著名的政治家、法学家和诗人。他于公元前594年出任雅典城邦的第一任执政官，并制定法律、施行改革，史称“梭伦改革”，创立了适合民主制发展的社会管理机制。在改革完成后，梭伦即离开雅典远游埃及、塞浦路斯等地。——译者注

② 奥龙特斯河为近东地区河流，流经今黎巴嫩、叙利亚和土耳其。——译者注

的商人的形象出现。在希腊，他们也建立起许多贸易据点。按照希罗多德的叙述，腓尼基人在伯罗奔尼撒半岛南部的基西拉岛上建起了一座神庙、在萨索斯岛[①]上经营一座矿山、在几代人的时间里还曾在锡拉岛（今圣托里尼）上定居。希腊人对腓尼基文字的接纳，对于文化的发展是一个至关重要的事件。因为，这种文字不同于东方的楔形文字或者埃及的象形文字，它只有为数不多的若干字符，也因此没有止步于官僚、精英们的专属知识，而可为普通大众使用。

希腊人在古风时期接触到埃及和近东的先进文明时，他们是自由而独立的，东方的成就并不是由外来势力强加给希腊人的，而是他们自己在与其他文化的邂逅中，在一个学习的过程中消化和掌握了这些成果，然后又独立地将之进一步发展。一位与柏拉图交厚的作家这样描述了这一过程：希腊人把那些他们从荒蛮之人那里继承来的什物，转变成更为美好出色之物。

古风时期是一个技术得到不断改良的时代。对此，除了与东方世界的接触，城邦形成的过程——希腊世界的城市化趋势——也有着至关重要的意义。城市中和泛希腊化的至圣场所中的建设活动，神祇雕像的竖立，

① 萨索斯岛位于希腊东北，属北爱琴海岛屿。——译者注

人们对供水的需求，港口的兴建和与遥远地区的贸易，那些在希腊贵族中越来越强烈的、将生活方式精致化的倾向以及在此过程中对理想的形体美予以表达的追求，给技能的发展提供了决定性的动力，而这一能力又促成了古希腊罗马时期技术体系的诞生。

第三章

肌力、水力和燃料——古希腊罗马时期的能量来源

能源的供应在现代工业社会获得了在前现代社会中从没有过的重要性。今天，能源在生产制造、运输和家务劳动中，对于各种驱动设备、内燃机和家用电器来说都是不可缺少的。基于这些因素，当今社会有着很高的能源需求，在经济上对能源供应有着高度的依赖性。

由于在古希腊罗马时期，生产的机械化只存在于非常有限的范围内，手艺工匠们并不操作机器，而是使用工具进行劳作，索要对人的肌力以外的额外能量并无很大的需求。在诸多工作都由人借助简单工具来完成的农业也同样如此。甚至在运输和交通领域，人的肌力也有

着不容低估的重要性：不论在城市还是农村，许多货物都是通过人工来运输的。在许多瓶画中都绘有担扛着大鱼或一只双耳陶瓶[①]的人的形象，他们所借助的唯一工具是一只可以放在肩上并用手把持的扁担。此外，还须指出的是，水在当时也需要经过一段很长的路程，换句话说，要从水井或遮井的小屋运送到各个家庭中。在希腊的城市中，取水通常是年轻女性的职责，她们要把装满水的陶瓶顶在头上，走很长一段路。

在各个港口，为船只卸货的搬运工把到岸的大量货物运送到仓储设施中。当时有何等数量的粮食，在像位于台伯河口的波尔都斯[②]这样的港口进行转运，可以从下面这个数据中窥其一斑：仅仅是供给罗马城的官僚机构管理的免费粮食配发（annona）[③]，每年就需要主要

---

① 这种瘦高的双耳细颈陶瓶（Amphore）在古希腊罗马时期，用来盛放和运输橄榄油、葡萄酒、蜂蜜、奶、粮食等食物，其容量在5至50升不等。在古罗马时期，此种陶瓶的容量基本确定在26.026升，所以一度也被用作计量容积的单位。——译者注

② 波尔都斯是1世纪时建成的位于台伯河入海口处的人工港，以取代砂石逐渐淤塞的奥斯提亚港，它也被称作罗马港。——译者注

③ “annona”本指一年的收成，引意指粮食等饮食物资的储备，后特指对罗马城和其他一些城市的粮食供给，是当时国家负担的粮食救济和调控措施。自共和国时期起，罗马城居民数量

来自非洲和埃及行省的6万余吨小麦。而6万吨粮食，则相当于在港区中有大约120万袋的货物需要装卸。类似的情况也出现在建筑材料的运输上，像建造古罗马元首制时期（前27—前284）的雄伟公共建筑所使用的砖瓦，就是由大量人工在工地上进行搬运的。

除人工之外，还应提到当时在农业和货物运输中使用的役畜。对于土地耕种中最为重要的一个环节——让土壤为播种做好准备的翻耕——去势的公牛的使用是必不可少的；这种公牛也被用来为粮食脱粒，人们有时也会让其他有蹄类动物来进行这项工作。而对于货物的运输，直至古希腊罗马晚期，普遍也都是使用驮畜来背驮货物。这些驮畜多为驴或骡子，譬如有证据表明，驴子就常被用来运送木柴。尤其是小农户们更为依赖驴子，因为这种动物对饲养条件的要求非常低。在罗马帝国的东部诸省，单峰驼也被广泛用作驮畜。当时的车辆主要是由公牛或骡子来牵拉的，在古罗马时期，也出现越来越多马拉的大车。

增多，耕地减少，粮价上涨，不安定因素增加。国家即开始从意大利各地、埃及和非洲买入粮、油、肉等饮食物资，廉价卖予居民；自共和国末期还免费发放粮食给登记在一种资格名录上的罗马市民，在元首制之初罗马城的受粮者大约有20万人，约占全部市民的四分之一。——译者注

人或动物的肌力，在当时还被用作机械装置的驱动力。陶工旋盘就是由陶工的年轻助手来转动的；人们还驱动吊车的踩轮旋转起来，以这种方式提升重物。在矿山中用来排水的大型水车，也像在埃及用于灌溉的提水装置一样，需要不间断地由人工来保持运转。早先简易的手磨，其上的磨石须由一个人以往复的方式磨动。这种手磨被旋转式的磨盘取代之后，人们就开始使用牲畜来研磨谷物。由此，人类就将自己从一种繁重又枯燥的体力劳动中解放了出来。此外，在罗马时期的埃及还有一种可以由牛驱动的提水机。这种叫 Sakije 的提水装置[①]带有一个固定有取水陶罐的链绳，在链绳的顶轴处固定有一个垂直的齿轮。另有一个水平的齿轮由一或两头牛牵拉转动，通过它们，那个垂直的齿轮，进而那条系有陶罐的链绳也会被带动起来。

水可以作为驱动力来使用的可能性，起先或许是在与灌溉设备有关的情况下被人们发现的。譬如，如果一只安装在河边的汲水轮的轮缘带有桨叶的话，水轮就会被水流所带动。在维特鲁威描述的水力磨坊中，水轮便独自充当了动力驱动器，其旋转运动可以通过一个圆锥齿轮传动装置传输到水平的磨石上。在古希腊罗马晚期，

① “Sakije”可译作“吊桶式水车”。——译者注

水力还被用于大理石的切割：奥索尼乌斯[①]在《摩泽尔河》(*Mosella*）中，就提到了特里尔城[②]附近的一个由水力驱动的大理石锯；在一张2007年发表的弗里吉亚[③]的希拉波利斯城中的一幅石棺浮雕的照片上，也可以看到一个这类大理石锯的图像。按图像所示，其水轮的旋转运动通过一个传动装置，转化为一个带有锯条的木框的往复运动。在拜占庭时期的早期（600—700)，这种石锯的存在，在杰拉什[④]和以弗所[⑤]可以得到考证。

水力的应用必须被视为一个有着划时代意义的技术

① 德西穆斯·马格努斯·奥索尼乌斯（Decimius Magnus Ausonius，310—约394）生于高卢的波尔多，是古罗马官员、罗马皇帝瓦伦提尼安一世（Flavius Valentinianus）的太傅和诗人，著有《摩泽尔河》（也译《莫萨拉河》)、《诸帝贤能似恺撒》等，风格多为咏叹诗、田园诗和讽刺诗。——译者注

② 特里尔位于今德国西南部，毗邻卢森堡，摩泽尔河流贯其中。——译者注

③ 弗里吉亚是古希腊时小亚细亚一地区名，位于今土耳其中西部。——译者注

④ 杰拉什位于今约旦西北部，在2世纪罗马帝国在亚洲的扩张时期，上升为重要城市，但在7世纪和8世纪的两次地震后逐渐衰落。——译者注

⑤ 以弗所是古希腊人在小亚细亚建立的一个大城市，位于加斯他河（Kaystros）注入爱琴海的河口处，今属土耳其。——译者注

创新。它第一次使人或动物的肌力被自然力取代成为可能。虽然当时水力的使用只局限于推动粮食磨坊的运转，但这一局限性丝毫不会改变这一创新的历史意义。因为粮食的碾磨，对使面粉能被烤制成面包这一最重要的食物，是必不可少的。

在古希腊罗马时期，人们也已经认识到热能可以被转换为动能。在希腊化时期，通过对水的加热来引发运动的这一效应，就被运用于自动机械装置的设计中。希罗[1]在《空气动力学》（*Pneumatik*）中描述了若干这种类型的自动装置，不过，在其中还看不出任何将这种效应应用到经济生产上的尝试。当然，以当时冶金业的水平来说，这种技术是否真有应用的可能性也还是个问题。

尽管有这些局限性，热能的利用在古希腊罗马时期的经济生产上依然有着不小的重要性。在行业生产中的矿石冶炼、金属加工、面包烘焙、陶器烧制或玻璃吹制的过程，都需要由燃烧而产生的高温；此外，建筑材料的生产也需要大量的燃料，像用作建材的石灰，就是通过在石灰窑中煅烧石灰石来获得的。自1世纪后期开始，

---

① 亚历山大里亚的希罗（Heron von Alexandria，10—70）是古希腊的一位数学家和机械工程师，开创了气体力学的先河，他的一些思想被认为源自克特西比乌斯。——译者注

越来越多的烧制砖瓦被用作罗马和其他城市中数目庞大的大型公共建筑的建材，各砖窑对燃料的需求也随之急速上升。除此以外，公共浴场也对燃料也有着很大的需求，因为热水浴室和汗蒸室必须要被加热至一定的温度。再者，家庭中的饮食也不应忽视，它也需要通过煎炸或煮炖来烹制。

燃料在当时的主要来源是木材和木炭。泰奥弗拉斯托斯[①]就已经在他关于植物学的著作中，用较长的篇幅特别从技术应用和作为燃料的角度，对树木和木材进行了介绍。相对于木材，木炭有着很多优点：它有比木材更高的热值，还比木材轻，从而更容易运输。另外，木炭燃烧时只会产生很少的烟，因为在用暗火烧制它的过程中，水分和其他气体都已经挥发了。尤其在煤炭可以从接近地表的矿层中开采出来的不列颠行省[②]，煤炭被用作燃料已得到了考证。

木炭在当时是在炭窑中以暗火烧制而成的，炭窑

---

① 泰奥弗拉斯托斯（约前371—约前287）是古希腊哲学家和自然科学家，先后从师于柏拉图和亚里士多德，在亚里士多德之后领导其逍遥学派，著有《植物志》《论石》《人物志》等。——译者注

② 不列颠行省位于今英国的南部，包括今英格兰的大部分和威尔士。——译者注

被搭建在有着平整、硬实地面的场地上，在其上紧密地堆竖起光滑的原木，然后在其顶端覆盖一层气密的土层。在持续数天的烧制过程中，必须一直有人看管，以防明火产生。在这个过程中，碳的含量会从约 50%（木材）增加至 80% ~ 90%（木炭）。尤其是在偏远的林区，木炭被以这种方式制造出来。对于木炭的生产，首选从干燥处砍伐的幼树的木材；高龄的树木会被认为过于干燥。为不同的工艺需要还会使用由特定木材制成的专门木炭。

古希腊罗马时期对燃料的使用量总体来说相当大，由此而对环境所造成的影响也不可小觑。相对于建筑和造船所需的木材，为用作燃料而消耗的木材对古希腊罗马时期的森林造成了更大的损害。人们将一些在原不列颠行省中发现的熔炉进行修复，然后用其进行实验，结果显示了当时冶炼铁矿石时对木炭的消耗程度：为从 90 公斤矿石中提炼出 9 公斤的铁，需要 120 公斤的木炭；另一个实验中，从 50 公斤矿石中，在消耗 40 公斤木炭的情况下，获得了 8 公斤的铁。在此还需要考虑到，当时为生产 40 公斤的木炭，需要约 150 公斤的木材。由于森林在那时还被用作牧场，使得它们只能步履维艰地进行自我恢复甚或根本无法再生。这一情况在罗马共和国时期就发生在了厄尔巴岛[1]上。在这里，人们持续冶炼开采出的铁矿石，直到适合的木材无处可寻为止。这之后，需要熔炼的矿石就不得不被运送到大陆上的波普罗尼亚[2]去。据英国古代史学家约翰·希利（J. H. Healy）估计，仅仅为古罗马帝国境内的金属冶炼，每年就要毁坏超过 5000 公顷的森林。

---

① 厄尔巴岛位于意大利托斯卡纳地区海岸线外，是意大利第三大岛。——译者注

② 波普罗尼亚是意大利托斯卡纳地区一沿海古城，与厄尔巴岛相对。——译者注

第四章
农业

前现代社会的农业

自工业革命开始的技术革新，从根本上改变了农业技术，而且就工业生产在许多经济范畴内接管了此前由农业所负责的职分而言，还对农业起到了反作用。不应忘记的是，除了食品，前现代的农业还供应着许多对于农民和庄园主来说有着很高经济价值的其他产品。

几个例子可以说明这一点：在当今社会中主要服务于肉类和奶制品生产的牛类养殖，直至近代早期，还主要承担着饲养在农业生产和运输业中被用作役畜的公牛的任务。骡子的养殖在当时也服务于同样的目的。而马匹的饲养，则一方面为军事，另一方面为民用领域提供骑乘的牲畜。对马匹的需求，在很大程度上是由那些富裕的上层阶级的虚荣心所左右的，只有他们能承受得起马匹饲养的昂贵费用。与之相对，在现代的工业国家中，人们行动的灵活性是由工业化生产的汽车来保障的。除此之外，当时的农业还为纺织业提供原料，更确切地说：牧羊业为人们提供羊毛、亚麻种植业提供亚麻。所以，针对古希腊罗马时期农业技术的研究，会涉及一些在当今社会几乎不再与农业有关的物品的生产。

在对古希腊罗马时期农业的论述中还应考虑到，地中海各地区农业状况的发展有着很大的不同。另外，还须始终对小农经济和大庄园经济加以区分。小农经济在一定程度上有着自给自足的自然经济性质，在大多数情况下都依附于当地市场；相对而言，大庄园中的生产则主要针对的是当地及跨地域的销售市场，也就是能带来赢利的产品销售，当然，它们也必须要产出自身所需的食物，以及给奴隶们的日常供给。那时的人们对技术创新抱着截然不同的态度，农民和小农通常把持着代代相传的工具和做法不放，而大庄园主们则往往对使用具有更高效能的设备和新工艺持开放的态度。从农业书籍的作者们撰写的文章中可以看出他们对农业创新的兴趣。

而且，大庄园中的奴隶劳动完全没有阻碍新机具和工艺的采用。在此还必须考虑到这些情况：单个的机具或工艺在当时只得到了地域性的推广和传播，创新只在特定的地区或者仅在大庄园中站稳了脚跟；除了新的设备和工艺，旧式的传统机具和工艺流程还被继续使用着。恰恰是在农业领域，不存在那种在整个希腊世界或在罗马帝国的所有行省中，都以同样的方式贯彻实施的统一技术标准。

谷物种植

在古希腊罗马时期，谷物是地中海地区最重要的基本食物。人们种植小麦和大麦，不过小麦更受偏爱，因为小麦可以用来烤制面包，而大麦通常被以麦粥的形式食用。但由于小麦需要较多的降水，所以在干旱的地区还是以种植大麦为主，以避免在冬季降雨很少时歉收。谷物的种植无疑是古希腊罗马时期农业生产的核心劳作行为，所以耕地和收割一同出现在了荷马的一段核心文字中，这段文字对锻造之神赫菲斯托斯，为英雄阿喀琉斯用金属打造的、带有图案装饰的盾牌进行了描写。

谷物种植的前提是对土壤的精心耕作。按照老加图[1]的观点，好的耕作的首要基础是好的翻耕；维奥蒂亚[2]的诗人赫西俄德（约公元前700年）在他的教诲诗《工作与时日》(*Werke und Tage*）中，把用挽套着的牛进行的翻耕置于他对农业劳作描述的中心位置。翻耕能使土壤松动，为播种做好准备。赫西俄德对古希腊的耕犁进行了描写：它由犁铧、固定在其前方的曲柄和辕杆，以及固定在其后方的用来控制犁的行进方向的犁柄和扶手组成。这种形式的犁并不能将土壤翻转过来，只是将土壤推向两侧，所以必须要对田地进行多次的翻耕。在古罗马时期，犁铧的尖端通常装有铁制的犁头，以防木头很快被磨损。较宽的犁沟通过在耕犁上安装板型构件翻出。

谷物在当时用镰刀来收割，在不同的地区采用不同的收割方法。秸秆被割断的位置要么在稍高于地面的位置，要么在秸秆中间，要么在麦穗稍偏下处。每种方

---

① 马尔库斯·波尔基乌斯·加图（Marcus Porcius Cato，前234—前149)，一般称老加图，以区别其曾孙小加图。他是罗马共和国时期的政治家、散文家，代表作是《农业志》和《创始记》。——译者注

② 维奥蒂亚是古希腊的一个地区，位于今希腊中部偏东南。——译者注

式的选择，取决于人们准备把割下的稻草作何用。谷物收割完，通常就直接在露天的禾场上进行脱粒。这些禾场是有着坚实、干燥地面的平坦场地。脱粒的工作是由在这个时节不用犁地的牛来完成的。瓦罗[①]（前116—前27）在其关于农业的著作《论农业》(*De re rustica*) 中，提及了不同类型的脱粒机：一种是底部装有砾石或铁部件的脱粒橇板，它由牲畜在谷物上拖拉；另一种是罗马人从迦太基人那里学习来的带有铁辊齿的脱粒车。谷壳和谷粒通过抛扬被分离开：脱粒后的谷物被扬谷铲抛至空中，谷壳被风吹开，而质量重的谷粒则直接掉落到地上。在无风时，人们可以通过抖动扬谷用的笸箩使壳与谷分开。如果脱粒被推迟到冬天进行，那么人们就在谷仓中用棍子把谷粒从壳中打出来。

在当时，田地在收割之后至下一次播种之前，需要休耕一年。休耕和在收获与隔年播种之间对土地进行的耕作，有利于土壤积蓄水分。此外，还必须通过施肥给土壤输送养分。为此主要使用的是动物的粪便，不过粪便并不够用，因为当时的牲畜不是豢养在厩中，而是夏

① 马尔库斯·特伦提乌斯·瓦罗（Marcus Terentius Varro），古罗马著名的博物学家，著有《论农业》《原理九书》等几百卷书，其影响远达中世纪。——译者注

季在地势较高的山林地区进行放养。正因为此，在当时农业作家的著作中，对施肥的问题投入了很大的关注，还提及了堆肥场的建造、烧荒及用泥灰岩来施肥的做法。绿肥的施用在当时被强烈推荐，为此人们应种下羽扇豆，并在它还是绿色的时候就将其翻耕入土。这样，在这种植物的根部积蓄的氮，就可以进入土壤中。

尽管有许多措施，当时谷物种植的收益仍然相对较低。科鲁迈拉（1 世纪）称，在意大利的大部分地区，粮食种植能获得四倍的收益。参照中世纪和近代早期的类似数据，这一说法很具可信度。照这个说法，如果在每摩根[①]（2500 平米）的土地上播种 4 到 5 莫迪乌斯（26 ~ 33 公斤）小麦，可以收获 104 ~ 132 公斤麦子。由于从收获的谷物中还必须留出供下次播种用的种子，那么可供消费的粮食就只剩约 80 ~ 100 公斤。也就是说，为满足一个成年人每年约 200 公斤谷物的需求，就需要两摩根的土地。如果把休耕也考虑到这个推算中，那么养活一个成年人就需要 4 摩根或 1 公顷的耕种面积。仅

① 摩根（德语“Morgen”原意为早晨、上午约 10 点之前）是德国直至约 1900 年使用的土地面积单位，指一张由牛或马拉的犁一上午所能翻耕的土地面积大小。其绝对大小在各地定义不同，一般在 2000 至 5000 平米之间。——译者注

从这些数字就可以清楚地看出，在古希腊罗马时期，人们的饮食问题并不具备可靠的基础。

在古罗马时期的谷物种植业中，曾涌现出了一系列重要的技术创新。老普林尼(卒于79年)在他的《自然史》(*Naturalis Historia*)中把它们列举了出来。在高卢行省，人们已经开始使用由两或三对牛牵拉的、带有两个小轮子的犁。犁上的犁铧已经为铲形，借此可以耕翻更加坚硬的土地。在北高卢[①]，人们在收获时使用一种有两个轮子并带有一个箱子的机具，在该机具比较低矮的正面配有绞齿；在机具的后面、两根长杠之间，一头牲畜——通常是驴或马——负责推动该机具。当机具被推到田地中时，绞齿就会卷住谷物的茎秆并折断麦穗，然后麦穗就会落入箱子中。用这种高卢收割机，可以快速地收割粮食，这对于高卢北部的天气条件也许是有必要的。使用这种收割机的另一个原因可能是劳动力的缺乏，这也是普林尼所提到的一个决定收割方式的因素。普林尼给出的，关于当时意大利的犁具挽套有多至8头耕牛的

① 高卢是古罗马人对西欧主要为凯尔特人聚居的地区的统称，帝国时期分那旁高卢、卢格敦高卢、阿基坦高卢和比利时四个行省，在地理上包括了今天的法国、比利时、意大利北部、荷兰南部、瑞士西部和德国南部莱茵河西岸。——译者注

说明，也值得注意。这种做法必定是以新的挽套牲畜的方式为先决条件的。在古希腊罗马晚期，带轮子的耕犁也在意大利北部普及开来。

为了烤制面包，谷物必须先经过研磨。希腊古风时期在这点上与古埃及相似，也采用一种大多由妇女在家庭中操作的推拉磨。这种形式的磨是由一块呈斜面的底石和一块可以用手往复磨动的顶石组成的。在希腊的古典时期，这种磨得到了本质上的改进：在公元前 348 年被马其顿国王腓力二世[①]摧毁了的奥林斯城[②]中，留存有一个得到考证的古代磨具，其磨顶石上带有一个装盛磨料的漏斗；此外，在顶石，也就是活动磨石上还配有一根手柄，其一端固定在一根立轴上，这样，手柄就可以水平地转动。由此，也就可以使手柄的另一端，连同活动磨石一起做往复运动。

这种磨具后来进一步发展成旋转点位于磨的中心的旋转式磨具。其下部的磨石（磨座）呈圆锥体，而活动

---

① 腓力二世（前 382—前 336）是马其顿国王，亚历山大大帝和腓力三世的父亲。马其顿王国位于古希腊西北部，腓力二世在位期间进行军事扩张，迫使希腊各城邦向其臣服，为其子亚历山大建立庞大的帝国奠定了基础。——译者注

② 奥林斯为古希腊的一座城市，位于希腊西北部的哈尔基季基半岛。——译者注

磨石则呈两个尖端相对的空心圆锥体，其下方的空心圆锥体的大小与磨座相匹配；而上方的空心圆锥体则充当倒入谷物用的漏斗。这个活动磨石并不是直接放置在磨座上的，而是悬挂在一个木制支架上，此木架又固定在一根垂直的铁杆上，并且可以转动。通过这种方式，既可以对磨座和活动磨石之间的距离进行调节，又可以防止石头摩擦的碎屑进入面粉中。在固定有顶石的木架上会挽套上一头牲畜，蒙着眼睛的驴、骡子或马须极度地佝偻着身体，在极其狭小的空间里，牵拉着沉重的磨石一刻不停地绕磨前进。在庞贝城[①]，这种旋转式的石磨被安设在面包房中，而磨坊和面包房在当时还不是分开经营的。

旋转式石磨，为水轮的圆周运动能够传递到磨石上，以及自然力第一次能够被用作碾磨谷物的驱动力，提供了前提条件。为运动的传导，人们设计出一种圆锥齿轮传动装置，它由一个大齿轮和一个提灯齿轮[②]构成；垂

---

① 庞贝是古罗马城市，今属那不勒斯市。公元79年8月24日维苏威火山爆发，庞贝城一夜之间消失在了6米多深的火山灰下。1748年庞贝被重新发现，因整个城市被定格在了火山爆发的那一天，未曾改变，因而成为研究古代历史、文化和技术的宝库。——译者注

② 提灯齿轮的外形与灯笼的支架相似，由此得名。其结构

直的大齿轮通过一根轴与水轮相连并带动提灯齿轮，后者继而带动磨石转动。奥古斯都时期的维特鲁威[①]对水磨的结构进行了精确的描述。通常被安设在人们的定居点之外的水磨，在罗马帝国范围内得到了相对迅速的普及。罗马人当时已经有能力建立高效而复杂的磨坊系统。譬如，经近年来研究考证的、修建于图拉真时期[②]（98—117）的法国南部阿尔勒附近的巴贝加尔水磨坊，就拥有 16 个安置在陡坡上的磨坊水轮；在罗马台伯河右岸

是：两块平行的圆形木板在外缘处以间隔相同的木柱固定。在转动时，木柱的各个间隙卡配另一个齿轮的轮齿。它一般被用于正交齿轮系统，用来改变力的方向。——译者注

① 马尔库斯·维特鲁威·波利奥（Marcus Vitruvius Pollio，约前 80/70—约前 25）是古罗马的建筑师、工程师和作家，曾作为机械师在恺撒的军队中服役，后将所著《建筑十书》(*De Architectura*）献给奥古斯都大帝。此书是现存最古老且影响最深远的建筑学专著。书中不仅讲述了建筑的原理、设计、材料和做法，还涉及了城市规划、水力、测时、天文和军事机械等诸多方面。1414 年此书被重新发现，后即成了文艺复兴、巴洛克和新古典主义时期所推崇的经典。——译者注

② 马尔库斯·乌尔皮乌斯·图拉真（Marcus Ulpius Traianus，53—117，98—117 在位）是罗马皇帝，罗马帝国五贤帝（涅尔瓦、图拉真、哈德良、安东尼·庇护、马可·奥勒留）之一。其战功显赫，帝国的疆域在他的统治下达到了鼎盛。他下令建造的图拉真记功柱饰有总长 190 米的绕柱浮雕，它们记载了图拉真的功绩。——译者注

的一座叫贾尼科洛山的小山丘上也曾建有一座类似的磨坊系统。这些磨坊直到东哥特人 537 年围攻罗马时还在运转。

特别是在罗马帝国的西北行省，水磨的运用得到了考证。由于地中海地区面临着许多河流在夏季都会干涸或水量很小的问题，因此巴贝加尔和贾尼科洛山上的综合磨坊须从高架引水渠中接收水源，而罗马城中的供水则来自图拉真水道。在东哥特人围攻罗马时，他们切断了向贾尼科洛山输水的水道，[①]致使山上磨坊的水源供给中断。在这种情势下，拜占庭的统帅贝利萨留[②]下令，将一些船只固定在台伯河中水流特别湍急处的桥梁下，然后将磨坊水轮安装在这些船上。通过这种方式，在一种紧急的状况下，让磨坊水轮能够适应江河的波动水位的问题得到了解决。在中世纪，这种船上磨坊为许多坐落于较大型河流两岸的城市中的居民供应面粉；在罗马，直到 19 世纪早期，台伯河上还仍有这样的磨坊存在。

---

① 此事件发生在公元 540 年。——译者注

② 弗拉维乌斯·贝利萨留（Flavius Belisarius，约 505—565）是东罗马帝国查士丁尼一世（约 483—565）麾下的帝国统帅，北非和意大利的征服者。——译者注

葡萄酒和橄榄油的制作

葡萄酒和橄榄油像谷物一样，是古希腊罗马时期的主要饮食，它们也因此被称作古代地中海饮食三宝。古希腊罗马时期的地中海地区，从根本上受谷物种植、葡萄树和橄榄树栽培的影响，这个地理空间也由此可以定义为这三种经济作物的分布区域。就橄榄油而言，它在当时有着不同的用途：它不仅被用于饮食和个人卫生，还被用作油灯的燃料。在公元前 6 世纪时的阿提卡，人们已为跨地区市场的生产而种植橄榄树。当时采摘橄榄的方法是用木棍敲打树枝和枝干，使橄榄落下，然后从地面收集。要为当时橄榄的收获状况提供确切的数据比较困难，因为每公顷橄榄的产量与橄榄树的树龄和种植的方式有关。不过，根据科鲁迈拉提供的一个信息可以确定，当时人们在每公顷土地上种植约 36 株橄榄树，按照现代的估计，每棵树大约能收获 20 公斤的橄榄，从中可提取约 3 升的油。很多时候，人们还会通过粗放的谷物种植来为单一的橄榄种植带来更多的收益。[①]关于葡萄的种植，科鲁迈拉给出了产量信息。在他看来，在一个维护良好的葡萄树种植园中，每摩根土地至少应

① 譬如在橄榄树的间隙种植作物。——译者注

能有 3 库雷乌斯（1560 升）葡萄酒的产出；科鲁迈拉还对自家葡萄种植所带来的收入进行了计算，据他的估计，这些葡萄的产量为 1 库雷乌斯（520 升）。

要制作葡萄酒或橄榄油，必须要对收获的橄榄或葡萄进行榨汁。最初，人们用双脚将葡萄在盆中踩出汁来；不过早在古风时期，希腊人就开始在酿造葡萄酒时使用杠杆式压力机，其长长的压梁可以借助重物下压。当时针对压力机所进行的改良尝试，主要集中在给压梁施加压力的结构上。

老加图在公元前 2 世纪时曾描述过一种压力机，它配有一个可以用长手柄慢慢转动的绞盘，借助绳索可以下拉压梁。这种设计的弱点是，人们必须持续地施力，才能保持对轧材的压力。出于这个原因，人们又将一块重石加入其中，它经手柄和绞盘从地面抬升，然后通过自重下压压梁。但是实践表明，这种类型的压力机在使用中存在着很大的问题，主要是它容易引发事故，就此，希罗就在他的《机械学》（*Mechanik*）一书中有过描述。

这个问题直到公元前 1 世纪晚期才得到真正解决，这时人们将压力机与一根螺栓结合在了一起，这根螺栓可以拧进压梁上的内螺纹中。在螺栓的下端置有重物，通过旋转螺栓，重物会被抬起，这样一来，不需要更多的人工劳动就能使压力持续不断地施加到压梁上。这种类型的螺旋压力机在实践中被证实有着极佳的性能，以至于直至 19 世纪初，它仍毫无改动地应用于各葡萄产区中。

除此之外，螺旋结构还使另一种完全不同的压力机的设计成为可能：在一个结实的木制支架的上方设有一根横梁，这根横梁带有内螺纹和一根螺栓，通过对螺栓的旋转可以直接对轧材施加压力。这种装置的优点是，它占用的空间很小，而且可以搬运。按照普林尼“这种螺旋压力机在 22 年前被发明了出来”的说明，可把它的发明时间确定在 50 年左右。希罗也在他的《机械学》(*Mechanik*) 一书中，对直接式螺旋压力机做了介绍；在庞贝城的一幅壁画中还留存着对它的图像表现，在这里，这种机具被用作缩呢作坊的压布机。

在橄榄油的生产中，人们力求避免在压榨过程中把果核压碎，因为成品油的质量会因此受到影响。在第一遍压榨时，人们会使用一种叫 trapetum 的中心有一根石柱的圆形石盆，在石柱上固定有一根可以转动的棍子。这样就可以让两个圆形的活动磨石围绕石柱转动，来压碎橄榄。除 trapetum 橄榄磨外，科鲁迈拉还提到了一种榨油磨，它仅有一个高度可以调节，并围绕一根支柱旋转的大块活动磨石。

畜牧业

畜牧业在荷马史诗中起着重要的作用。为显示奥德修斯的富有，荷马列数了他在伊萨卡岛及大陆上放养的牧群，还详细介绍了忠诚于奥德修斯的牧羊人欧墨鲁斯养猪的情况。荷马还认识到，饲养马匹需要比饲养山羊更好的草场。随着希腊古风时期人口的增长，土地越来越多地被用于作物的种植；牲畜的饲养则被排挤到那些不适合耕种的地区。

对于古希腊罗马时期的畜牧业来说，游牧是典型的饲养方式。冬季，人们在平原上的休耕地牧养牲畜；夏季，人们则把牧群驱赶到山区的林中。古希腊的悲剧中，就提及了希腊中部的季节性迁移式的游牧方式。在索福克勒斯的《俄狄浦斯王》（*Oidipus*）中，一个牧人叙说了他夏季在科林斯地峡[1]北部的基塞隆山脉牧养他的牧群，冬季又赶它们到平原过冬。在古罗马时期的意大利，也

[1] 科林斯地峡位于希腊南部，是连接欧洲大陆和伯罗奔尼撒半岛的狭窄地峡。——译者注

证实有类似的牧养方式存在，这里的牧群会长途跋涉到它们的夏季牧场。瓦罗就描述，羊群在普利亚地区[①]越冬，夏季又迁移到萨莫奈地区（今意大利中部）去。

对牲畜进行有目的的培育饲养和单纯的畜养有着不同的目的。绵羊的饲养主要是为了获取作为纺织品生产原料的羊毛；不需要继续饲养的羊羔就被屠宰了，羊奶则被制成奶酪。羊毛的质量可以通过仔细挑选公羊得到改善。当时的人们把绵羊分为粗毛羊和细毛羊；绵羊的品种以其产地来命名。在古罗马时期，人们偏爱来自卡拉布里亚[②]、普利亚和米利都[③]的绵羊，因为它们的毛品质很高；而被视为最佳的绵羊则来自塔兰托[④]，不过这种绵羊也需要格外精心的照料。另外，意大利北部的绵羊所产的白色羊毛也受到特别推崇。那时塔兰托附近的绵羊都身披一条毯子，以防它们珍贵的羊毛被弄脏或被荆棘扯坏。

---

① 普利亚地区位于意大利东南部，相当于意大利地图上“皮靴”的鞋跟部位。——译者注

② 卡拉布里亚地区位于意大利东南部，相当于意大利地图上“皮靴”的鞋尖部位。——译者注

③ 米利都是古希腊的一座城邦，位于今土耳其西部，在爱琴海沿岸。——译者注

④ 塔兰托地区今属于意大利普利亚大省。——译者注

猪在当时只作为肉畜饲养，猪肉充实了以素食为主的饮食系统。在古罗马元首制早期，猪肉被跨地区市场加工出来，肉通过腌制变得可以长久保存。这样，从高卢，甚至从比利时行省，都有腌制的猪肉运抵罗马和意大利本土。

养牛业在当时的主要任务是饲养去势的公牛。除了驴子，经过去势的公牛是古希腊罗马时期最主要的役畜，不论是在各种农业劳作中，还是在货物运输上，它们都被广泛地使用。因此，古希腊罗马时期的经济在很大程度上是建立在公牛的生产效率上的。未经去势的公牛由于其难以控制的脾气很难被用作役畜；通过阉割，公牛的性情会发生根本性转变，去势后的公牛性情温顺，不会抗拒像耕田这样枯燥、繁重的工作。不过，去势后的公牛有一个缺点，就是它们的行动缓慢。

由于马匹饲养的要求严苛，而驴子的工作效率又偏低，人们就将马和驴子杂交，培育出综合了马和驴子的所有优点，却不能自行繁殖后代的骡子。由于牝马（母）不会允许种驴（公）与之交配，杂交骡子之事就需要特殊的准备工作：牝马被捆绑在一个框架中，使之无法自卫或转身躲避。阉割公牛或繁育骡子，都使动物的天性受到了很大的干预，使动物屈从了人类的经济利益。

第五章
地中所蕴之最大财富——金属

采矿

希波战争(前 490 年及前 480—前 479)结束后不久，在雅典上演的埃斯库罗斯的悲剧《波斯人》(*Perser*)中，波斯王后阿托撒[1]提出了这样的问题：有能力与伟大的波斯军队抗衡的雅典人是否拥有巨大的财富？就此她得到的回答是：“他们精心呵护一座银矿，那地中所蕴之最大财富。”(O. Werner 翻译)诗文中指的是阿提卡东

① 阿托撒(前 550—前 475)是居鲁士二世(居鲁士大帝)的女儿，先后嫁于冈比西斯二世和大流士一世，她还是薛西斯一世的母亲。——译者注

部劳莱伊翁地区蕴藏的银矿。在古风时期，希腊有许多开采贵重金属的矿区，譬如色雷斯地区、萨索斯和锡夫诺斯岛[①]以及阿提卡地区。古罗马时期的主要金银矿山则都位于西班牙的几个行省中，而其中的一些矿床已经为迦太基人所开采。

自公元前6世纪钱币出现开始，人们就使用金银来铸币。所以拥有贵金属矿藏，对古希腊罗马时期的城邦、共和国或者统治者们来说，就意味着拥有了财富和权力。譬如地米斯托克利[②]就利用此前在劳莱伊翁发现的银矿所带来的收益，为建设雅典海军提供资金；马其顿国王腓力二世在征服了色雷斯之后，也立即整顿金矿中的生产，以提高贵金属的开采量；公元前2世纪，为强化西班牙诸行省中贵金属的开采力度，罗马人还采取了新的组织措施。古罗马的钱币铸造和发行在很大程度上都依赖着伊比利亚半岛上的矿山。

除了金银，铜和铁也对古希腊罗马时期的经济和文

---

① 希腊的锡夫诺斯岛是爱琴海上的一个岛屿，位处雅典的东南部，古时盛产金银。——译者注

② 地米斯托克利（约前525—约前459）是古希腊的政治家和军事家。他致力发展雅典的海军，在公元前480年的萨拉米湾海战中全歼波斯舰队，为雅典在之后的一个世纪中称霸海上奠定了基础。——译者注

明起到了至关重要的作用。当时的人们用红铜和青铜制造了大量的日常器物，而那些需要精细制作的仪器，例如用于医疗用途的器械，通常也由青铜制成。铁被用来打造武器和盔甲的构件，因此它对军事领域有着非凡的意义。除此之外，铁也在平民百姓的生活中起了重要作用，许多工具和单个的机具构件都是由它制成的。自从人们在古罗马时期开始使用铅来制作城市中的压力管道和引水管道起，这种金属也在经济上变得重要起来。

自有历史记录的时代起，人们就开始开发那些不能再在露天开采的金属矿藏。在劳莱伊翁地区，人们把竖井掘进至地下深达 55 米。这一地区的约 2000 个竖井排列得密密匝匝，因此从竖井引出的平硐[①]都不长，它们通常都不到 40 米，不过有的也长达 100 多米。劳莱伊翁地区的地质由石灰石构成，而当时的矿井掘进又只能依靠锤子和凿子这样的简单铁质工具来完成，其过程艰难又耗时。也是出于这个原因，那时的矿道非常狭窄，它们的高度还不到 1 米，有时甚至只有 60 厘米。不过劳莱伊翁地区的地质情况有一个优点，那就是它的矿道均不低于地下水位线，这样就不需要建立排水系统，这样的系统就当时的技术手段来说，是极其困难甚或是不

① 横向矿道。——译者注

可能完成的。开采出的矿石被人们装在袋子或篮子里，背抬到矿井的出口处，因为当时还没有用来传送矿石的设施。

在西班牙，罗马人面对的则是更为棘手的问题，因为这里的矿层位于地下水位线以下，因而就必须对其进行排水。罗马人就把在埃及和近东地区用于灌溉农田的提水设施应用于矿山中。借助这些机具，他们得以在很深的地下开采黄金和白银。不过当时还存在另一个难题：为防止塌方，必须要对矿道进行加固。人们在岩石中支上柱子或使用木制的支撑梁，以确保矿道顶部的稳固。

罗马人使用大型水轮和阿基米德螺旋汲水机来为矿山排水。当时水轮的直径可达 4.5 米，它们的轮缘上带有腔室，当腔室浸入水中时会盛满水，待其转至最高点时又会将水倒出。水轮能将水提升至几乎等同于其直径的高度。在当时拜提卡行省[①]的廷托河[②]边的一座矿山中，人们通过安装多组水轮，把水提升了 29 米。

但这种尺寸的水轮无法经矿道运送至它们应当安装

---

① 拜提卡行省是古罗马帝国在今西班牙境内的三个行省之一，它位于伊比利亚半岛的西南部，面积约等同于今西班牙的安达卢西亚自治区。——译者注

② 廷托河（也译力拓河）流域有众多铜、铁、金等矿藏，故河水富含矿物，呈红色，显酸性。——译者注

的位置。因此，人们在矿区中才将水轮的各个零件组装到一起。

基于发掘文物的复原图

阿基米德螺旋汲水机之所以得名，是因为它被认为由阿基米德发明。在埃及，它只被用于灌溉农田，为此并不需要将水提升较大的高差。这个装置的主体为一根圆柱形的主干，它被放置成一个小的倾斜角度；围绕这根主干呈螺旋状地缠绕有柳条束板，束板的外缘又覆盖木板条；这样，主干、束板带和木板条外壳就构成了螺旋形的腔室；当一个人用脚转动机具时，水就可以在形成的腔室中被提升起来。在矿山中，如果把若干个阿基米德螺旋汲水机一个接一个地放置在一起，就很有可能把水从很深的地下引至地面，这个技术成就给当时的人们留下了非常深刻的印象。

在西班牙西北部的一些沉积山岩中，蕴含黄金矿藏，但对其进行地下开采又不值得。罗马人也找出了开采这些矿藏的方法：他们凿开大块的山体，使山体出现有计划的滑坡；之后，用大量的水对这个区域进行冲刷，所用之水在此之前收集在巨大的蓄水箱中。为了在海拔超过 1500 米的高山地区，也能有足够的水输送到矿区，罗马人在即便是地势极其凶险的地带，有时甚至是垂直的绝壁上，也安置了引水渠。通过持续不断的水流对泥块进行冲刷，黄金就被截取了出来。

在古希腊罗马时期，罗马人开采了西班牙的贵金属矿藏中很可观的一部分。仅仅在西班牙南部的廷托河就有约 200 万吨的矿石被采掘。据估计，古希腊罗马时期的矿渣多达 1600 万吨。在西班牙的西北部，时至今日，古罗马采矿业对原有自然景观的影响依然可见，经选矿冲洗后的沉积岩变成了一些形态奇异的岩石层，遗留在了这一地区。

当时矿山中的工作条件极其恶劣。狭窄的矿道、低含氧量的空气、灰尘和油灯的煤烟，这些都或多或少受制于古希腊罗马时期的技术水平。不过，使情况变得更糟的是，在许多矿山中都由奴隶在劳作，或是囚犯在进行强制性的劳役。这些人的生死通常根本不会有人顾及，疾病和奴隶的高死亡率全然得到容忍。狄奥多罗斯[1]就

---

① 西西里的狄奥多罗斯（Diodor von Sizilien，公元前 1 世纪上半叶）是古希腊的历史学家，所著的《历史丛书》有 40 卷，讲述了埃及、美索不达米亚、印度、阿拉伯、北非、希腊及欧洲

以毫无同情的口吻，描述了希腊化时期努比亚的金矿中的情况，在那里，儿童和妇女也被判处强迫劳役；斯特拉波[①]则讲述了在小亚细亚的一座矿场中，有毒的沼气导致那些从奴隶市场上被当作罪犯便宜买入的奴隶很快死亡的事例。

矿石冶炼

雅典附近的劳莱伊翁地区也有方铅矿的开采，每吨这种铅矿石中伴生有约25至40公斤的银。在这个前提下，就有必要先对开采出的矿石进行洗选，使矿石中的金属含量在进行需要耗费大量能源的冶炼之前尽可能地提高，而废石被最大限度地筛选出去。矿石就在矿山附近被洗选和冶炼；这些工作的各个步骤可以依据在劳莱伊翁地区进行的考古发掘和文物实证得到很好的复原。当时有干、湿两道机械预加工法：在第一道工序中，人们在分类台上把废石和含金属的矿石分开，后者随后被

的历史与文化。——译者注

① 斯特拉波(约前63—前23)是古希腊的历史和地理学家，著有《地理学》，共17卷。——译者注

弄碎成小块。这些小块的矿粒在下一步工序中被洗选，以使其中含金属的部分进一步与其他物质分离。这道工序在洗选台上完成，此种工作台由一个方形的石头台板和围绕这个台板的水槽构成。在水槽的转角处设有加深的截矿池。在洗选台的背后，置有一个盛有足够此设备用水的蓄水池。当水被引入水槽内且矿料被加入水流中时，含金属的矿粒会因其较高的质量停留在截矿池中。除此以外，当时还存在一种带有流槽的环形洗选设施，这条流槽有轻微的倾斜度和一些加深的凹陷；水可以从较高的一端引入流槽。被加入水流中较重的矿粒会留在深凹中，而较轻的废石则会被冲刷带走。

经过洗选的矿石被放入大型竖炉中冶炼。在当时，方铅矿和银的分离是很费力的：人们首先要在炭火中冶炼出铅，它会氧化为一氧化铅，一氧化铅可以被从熔化的铅的表面上撇去，直到最后剩下纯银。在古罗马时期，人们为竖炉立起高高的烟囱，因为人们认为，冶炼银的过程中产生的烟是有害的。

铁在自然界也很少以纯的形式（陨石铁）存在，因此也必须经过熔炼。铁矿石中所含的主要为氧化铁，它在冶炼过程中会发生还原反应，成为纯铁，因为氧气会与燃烧过程中释放的一氧化碳相结合。而碳酸亚铁则通过焙烧——以较低的温度加热——的方式被转化为氧化铁。冶炼时，人们首先将铁矿石捣碎，然后投入有皮老虎风箱供氧的炼炉中。古希腊罗马时期的炼炉通常都达不到熔融铁所需要的温度，不过炉渣在当时的炉温下却可以熔化，所以冶炼的结果就是，熟铁块留在了炉底。它是一块海绵状、有很高废渣比例的大铁块，其中的废渣需要再通过反复加热和锻打来去除。

第六章
一种不可或缺的元素——盐

盐是一种在自然界中以多种形式存在着的，并且对人类的饮食及食物的保存来说是不可或缺的矿物质。在农业中，特别是牲畜养殖业中，同样需要大量的盐。老普林尼就特别强调了盐的重要性，他讲道：没有盐就谈不上有尊严的生活，它确是一种不可或缺的元素。

古希腊罗马社会对盐的高需求可以通过一些事例加以说明：老加图在他关于一座庄园应该给予奴隶的配给问题的章节中，建议除了其他的食物外，还应分配给他们每人每年 1 莫迪乌斯（约 8.75 升,约合 10 公斤）的盐。此外，盐还是动物饲料的重要组成部分，在许多著作中都提及了牛和羊被饲喂盐的情况。普林尼认为，动物会因此更有胃口。

盐在当时最重要的功用无疑是食品的保存。何等数量的盐被用于此，可以从老加图给出的一个制作腌肉的配方清楚地看出：首先，须在陶制容器的底部撒上盐，然后放入一块火腿并用盐将其完全覆盖，再把第二块火腿放在它上面，如此重复操作，直到全部火腿都这样撒上盐而且不会露出肉为止。鉴于当时千里迢迢从高卢北部等地运至意大利本土的猪肉的可观数量，用于此目的的盐的数量必定是相当巨大的。另外，当时内陆市场中鱼类的买卖，也只有在将鱼用盐做过保存处理后才能实现。地中海中的金枪鱼会以大型鱼群出现，并在5至10月间被捕获，对它们进行的盐防腐处理有据可查。此外，盐还是一种用于烹制食物的调味料。普林尼已经对不同产地的盐所具有的不同品质有所了解，这个迹象说明，盐在当时已经被跨地区地进行买卖了。

盐在古希腊罗马时期可以通过三种不同的方式获得，普林尼就此做了介绍。如同金属矿石，岩盐也被如矿藏一样开采出来。有证据表明当时在西班牙和小亚细亚有盐矿的蕴藏，在西班牙还有用盐腌制大量用于出口的鱼的加工厂。盐的开采相对容易，因为它可以被大块地采掘。另外，当时的人们也已经知道利用含盐的泉水来获取盐。盐水可以从井中抽取出来；但也可以把普通的水输送到盐矿中，当水中有盐积聚之后，就可以用于盐的提取。在地中海地区，利用海盐场提取盐的做法很普遍，而且这可能是当时最常用的方法。人们把海水引入大而浅的水池中，让它暴露在夏日的酷热中，使水蒸发而剩下盐。这样的盐田早在罗马共和国早期就可见于台伯河口。关于海盐场的生动描写，可以在卢提利乌斯·拿马提亚努斯[①]记述他公元 417 年时从罗马到高卢的旅行的诗歌中读到。

---

① 卢提利乌斯·克劳狄·拿马提亚努斯（Rutilius Claudius Namatianus，5 世纪）是古罗马晚期的诗人，他于 416/417 年完成的拉丁语诗作《高卢回航记》（*De reditu suosive Iter Gallicum*）记述了他从罗马航行至他的家乡高卢的经历。——译者注

第七章

古希腊罗马的手工业

工具和手工作坊

城市在古希腊罗马世界中的繁荣和发展，促使了城市和农村的分工以及城市经济的出现，进而也因此带动了手工业的发展。虽然城市居民的饮食供应要依赖于农业，但除此以外的对日用品的需求，则主要由当地的手工业予以满足。相对于荷马所提到的那许多还需四处游走，在有需求时才在城镇中或贵族家中做活的工匠，城市中的手工业者们已经拥有了固定的手工作坊。手工业产品的制作需要工匠们的经验和专业知识，在冶金和陶瓷生产中还需要耐受高温的能力。特别是金属物件或上等的陶器，无法再在农村或城市的家庭中制造出来，因为无论是铁匠还是陶工，在工作中都需要特殊的工具，而且其工作车间还必须配有为加热金属或烧制陶器所需的烧炉。不过除此以外，还是有一些领域依然保持了在家庭内生产的形式特征。譬如在很长时间内，一直依靠妇女们的双手来完成的纺织生产，就属于这种情况，妇女们绷展毛线、纺衣织布。但即便是在这些领域内，至少在城市中，相对于家庭生产，手工业还是渐渐地占了上风，正像庞贝城的纺织业所展现的那样。

除了城市手工业外，当时也有坐落在乡村中的生产作坊，尤其是陶器作坊和砖窑就位处陶土矿藏附近的乡村中。在此还要考虑到的是，在乡村环境中也同样有着对工具产品的需求。

当时手工业产品的制造场所是手工作坊。在古希腊罗马时期，既没有大型手工工场，也没有现代化工厂的存在。判定一个生产设施属于何种类别的标准，不在于此设施的大小或工人的多寡，而在于其生产技术。在手工作坊中，工匠使用手工工具做活；大型手工工场指的则是，为生产某种产品综合了各种工艺部门的，或者其单个生产工序已经部分机械化了的工场；而在现代化工厂中，生产则是依靠机器的使用而进行的。不过，在古希腊罗马时期很典型的情况是：一个 ergasterion，也就是手工作坊：在公元前 5 世纪和前 4 世纪时，一个普通作坊——其中会有若干个奴隶劳作——的经济价值，是以在其中劳作的奴隶的价值和作坊所占有的原材料的价值来衡量的，作坊中的设施或工具却不会被考虑进去。

在对手工业产品有着相应需求的较大城市里，手工业中出现了明显的专业分化，这个情况可以从无论是在希腊还是在罗马，均存在的大量职业称谓上体现出来。从古希腊罗马的角度来看，这种专业分化的成因是，一个专攻一种特定产品的工匠，依靠其经验和熟练度可以更好、更快地制作该产品，因而工作得更有效率。当时的许多手工作坊规模都很小，在一个这样的作坊中通常只有几个人做工。位于市内的手工作坊一般都连带一个销售店面，由此可见，许多工匠是直接为消费者，而不是为贸易和匿名市场[①]制造产品的。此外，也有一些高品质的产品会被商人销往很远以外的市场中去。

在一个手工作坊的内部很可能也出现了分工的情

---

① 匿名市场是指生产者不是在买家授意下生产产品，而且不知道买家的信息以及他们对产品的期望等，因此买家对于生产者来说是匿名的。譬如今天超市中的商品，对生产者来说就是其匿名市场。厂家如果希望知悉买家的信息或回馈，就需要通过商品的销售量、超市的反馈信息、市场调查等渠道来获得。——译者注

况，譬如在工匠和他的助手之间。在一种手艺行当的跨地区性的重要中心，也并不总是由大型手工作坊占据主导地位，而是并存着大量的小作坊。那些在各自的手工作坊综合体中完全自主工作的工匠们，在某些生产环节上也会展开相互合作，像高卢南部的许多陶工，就用大型窑炉一起烧制陶器，通过这种方式来获得更高的效率。

锻造和青铜铸造——冶金

希罗多德在他的一段叙述性文字中，对一个锻造铺的财产清单进行了详细地描述，其中提及了锤子、铁砧和皮老虎风箱，借以刻画铁匠劳作的特征。除此之外，在阿提卡陶瓶上展现手工作坊的瓶画中，还描绘了夹着烧红铁块的长钳。铁的锻造，是一个在古希腊罗马时期还没能得到很好理解的复杂过程，但是当时的铁匠们却基于经验知识在很大程度上掌握了它。纯的铁相对较软，因而并不适合用来制造切削工具，通过在炭火中对铁进行加热，铁可以聚集碳元素，并通过这种方式增强自身的硬度。不过碳的含量不能超过 2%，因为超过后铁会变脆，无法再进行锻造。在锻造的过程中，铁被浸入冷水中快速冷却，由此其金属结构会受到影响，从而使金属彻底硬化。在古希腊罗马时期，人们将铁淬火硬化的成功与否，归因于在此过程中所使用的水的质量。不过这种工艺方法存在一个问题，那就是只有金属的表层而不是整块金属获得了碳的渗入。因此在切削工具的制造中，为了达到工件所需的硬度，人们把若干张薄铁板分别放入炭火中硬化，然后再把它们锻造成一个整块（层压铁）。这种方法从3世纪开始就主要用于刀剑的制造。在当时，人们特别推崇诺里库姆（今奥地利的克恩滕州）出产的铁（Ferrum Noricum 诺里库姆铁）。从该地区开采出的铁矿石，或许具有一种有利于碳在冶炼过程中聚集的特殊结构。

熔点很高的铁，必须要在烧红的状态下进行锻造，而那些硬度较低的贵金属，也可以在常温的状态下进行加工：金、银和铜的薄板，在当时可以通过锤打来塑形和冷作。用这种方法，人们主要制作出了希腊士兵的青铜头盔，不过也有大型器皿以此法制造，譬如那只造于古风时期后期的维克斯青铜双耳酒罐，它高1.64米，重达200多公斤。这只酒罐也许是从伯罗奔尼撒半岛或意大利南部，流传到了高卢的一个凯尔特王公的手中。希腊化和古罗马时期的上层阶级所使用的带有浮雕的银制餐具，同样是以冷作法制作的。

有着约 900℃低熔点的青铜，还适用于铸造工艺。在古风时期，实心铸造法被用于制作神祇或动物的小塑像，它们是些用于祈求或还愿的供品，至今已有大量发现。在失模法工艺中，人们先用蜡雕出塑像，然后用留有一个孔洞的黏土外范把塑像包裹住。随后，将蜡熔化并将青铜液体注入形成的空腔中。待青铜冷却后，将黏土外范除去，即可得到青铜的塑像。不过这种工艺在当时只应用在体形较小的塑像上。对于大型立像，在古风时期，人们则用把锤击成形的金属薄片固定于木制内芯上的方式（钣金芯撑技术）来制作。直到公元前 6 世纪后期，希腊人才开始用空心铸造法制作真人大小的青铜塑像。通过对现存的立像和阿提卡陶瓶上所展现的手工作坊绘像进行分析，可以准确地复原这种工艺流程：古希腊的青铜铸工先用黏土做出塑像，然后在这个黏土芯上涂上一层蜡，再在其外包裹上黏土外范。黏土芯和黏土外范被以细铁棍固定，以使它们的位置不会发生变化。蜡加热融化后，就可以将青铜浇注到形成的空腔中去。由于青铜冷却得很快，一次性铸造一尊大型的立像比较困难。出于这个原因，古希腊的青铜铸工们用上述工艺，单独铸造一座塑像的各个部分，然后再用青铜填充部件的间隙，把它们拼接起来（分体铸造工艺）。在对塑像表面进行精心处理之后，那些在制作过程中产生的浇铸接缝就被打磨得看不出来了。

青铜铸造的难度相当大，甚至是米开朗琪罗，也曾在他 1507 年 7 月 6 日写给兄弟的信中抱怨过此事。以此看来，雕塑家卡雷斯决定以青铜铸造的方式，来制作罗德岛[①]上的太阳神赫利俄斯像[②]，的确是一个大胆的行动。这座通常被称为罗德岛的巨像的立像有 30 多米高，它是罗德岛人在挫败了围城者德米特里[③]发动的围城后，用战利品作经费修建起来的。一个如此巨大的铜像的铸造，只能通过这样的方式完成：卡雷斯每次为铜像的一个部分造模并浇铸，然后在完成的部分之上再放置下一部分的模具。在制作铜像的过程中，像身被一个

① 罗德岛是爱琴海上的一座岛屿，位于今希腊的东南角，是爱琴文明的发源地之一。——译者注

② 罗德岛的太阳神铜像，是古代世界七大奇迹之一，由雕塑家卡雷斯（前 4 世纪晚期—前 3 世纪早期）于公元前 304 年至公元前 292 年间建造。铜像在矗立了 56 年之后，在公元前 226 年的一次强烈地震后倒塌。——译者注

③ 德米特里一世（约前 336—前 283）是亚历山大大帝去世后马其顿王国的著名军事统帅和国王（前 294—前 288 在位）。史学上常称之为“围城者”，因为他善于使用攻城机械打围城战，不过在罗德岛的围城战中他却以失败告终。——译者注

铁支架从内部以及用挖来的土方从外部加以固定。

空心铸造工艺的发展，应被看成金属加工业中的一个杰出进步。在现代早期，单个的巨型青铜塑像还不是以青铜铸造而成，而是用经过冷作加工的青铜薄板制成的，不论是卡塞尔[①]威廉高地公园中的大力士海格力斯[②]铜像，还是柏林勃兰登堡大门上的四驾马车都属于这种情况。

陶工和瓶画家——制陶

由于陶器在地下不会腐坏，所以不仅有很多陶器厂被发掘出来，还有大量陪葬用的陶器出土，所以现代考古对陶器制作和传播的了解，比古希腊罗马时期的几乎任何一种其他的手工业产品都要详尽。这有时会让人觉得，制陶业在经济上的重要性被估计得过高。但是，这种观点可以以此加以反驳：陶器是在当时的每个家庭中

① 卡塞尔是德国黑森州的一座城市。——译者注

② 大力士海格力斯是希腊神话中著名的半神英雄，武艺和技能过人。为了赎自己因受赫拉诅咒而杀死自己孩子的罪过，他完成了12项奇迹。这12项奇迹被不同的作者描绘出来，在古希腊罗马广为传颂。——译者注

都会作为餐具和存储容器使用的制品，而且它还被用于像水、酒和油这样的液体的运输。古希腊罗马社会对陶器制品有着很大的需求，陶制容器也相应地被大批量地生产出来。除了用于日常用途的器皿，还有在地中海地区广泛流行的具有高品质、高艺术品位的陶器。商人们将产自科林斯的，或自公元前6世纪起，产自阿提卡的陶器，经海路销往伊特鲁里亚和意大利北部。

陶土在刚开采出后常混有很多杂质，所以在器皿被塑形之前，陶土会经过仔细地净化处理。通过淘洗，异物和粗黏土颗粒被除去。用这种方式，人们能获得细致而具有高可塑性的陶土。而反复的揉捏，能够清除黏土中所有的气泡，这些气泡在烧制过程中可能会爆裂，对制品造成损害。

陶工旋盘作为陶工的重要工具，早在荷马对赫菲斯托斯为阿喀琉斯打造的盾牌的描写中就已出现。古希腊的陶工们在快速旋转的旋盘上为容器塑形，他们把一块黏土放置在旋盘的中央，然后把黏土团捏成中空，让它首先成为一个有着厚壁的容器；之后陶工们再把容器壁拉高，在这个过程中塑出容器的最终形状。在烧制之前，容器先被晾干。古希腊的陶窑有两个腔室，它们被一个带有孔洞的平台分开。上部的腔室为烧制室，在其内部装入较大数量的待烧容器后，就会被封闭至只剩下圆顶中间的排气孔；下部的腔室为燃烧室，在这里用木材烧火。通过拔火道可以在烧制过程中添加木材，也可以借助它对火势大小进行调节。

在希腊的古风（约前 700—前 500）和古典时期（前 500—前 323），人们装饰陶器的方法是在烧制前绘上图案。除了装饰纹样以外，有形象的绘画逐渐盛行。在这方面，雅典的瓶画主要以神话场景为主题；此外，表现日常生活的画面也会出现在瓶画上，其中就包括了展现手工作坊这样的图画。大约在将近公元前 525 年时，雅典的瓶画家开始从黑色纹样画转至红色纹样画。阿提卡瓶画有着基于黑红色彩对比和器皿的光泽表面而产生的独特效果，这种效果是通过对黏土的加工和一种复杂的烧制工艺来实现的。为绘制陶器，瓶画师们使用一种经过特别精细淘洗的黏泥浆，它的颜色起初与陶器本身的颜色几乎没有区别。在烧制的过程中，含铁的陶土中的铁在加强的氧气输送下发生氧化，整个器皿变成红色；在接下来的一个较短的烧制阶段中，在温度为 900℃ ~950℃时，（通过减少氧气的输送）三氧化二铁发生还原，器皿就变成了黑色（氧化亚铁 FeO）。在起决定性作用的第三个烧制阶段，随着温度的降低，陶窑内被再次输入氧气；这样，器皿的陶土又发生氧化，再次变成红色，但绘制图案用的薄薄的黏泥浆却在烧制过程中（约945℃时）已经烧结，所以不再发生氧化作用，从而保持黑色。阿提卡陶器上的黑色部分所发出的那种令人着迷的光泽，也就是通过细腻的黏土微粒在烧制中形成的一种特别光滑的表面而得来的。

在希腊化时期（前323—前31），带有浮雕装饰的银制餐具取代了绘有图案的阿提卡陶器，成为富裕家庭中借以显示财富的餐具。在接下来的一段时间里，陶工们在上等陶器的制作中，越来越多地模仿金属器皿的形式，为陶器也饰以浮雕，而这些浮雕是首先用黏土雕成，在烧制前，再黏合到塑完形的陶器上的。古罗马的红精陶器——一种常饰有浮雕的红精陶器[①]——在将近公元前40年时，出现于阿雷佐[②]。制陶作坊的所在地在古罗马的元首制（自公元前27年）早期，向高卢的南部和中部移动。后来在莱茵河流域也出现了一些重要的陶器

---

① 红精陶器（Terra sigillata 拉丁语原意指：带有盖印的陶土或陶器）是一种橘红至深红色、有光泽、一般饰有浮雕的陶器，通常为餐具。它的拉丁语名称并不是古而有之，而是在19世纪才出现的。——译者注

② 阿雷佐为意大利中部城市，现属托斯卡纳大省。——译者注

生产中心，譬如莱茵察贝恩[1]。而从陶工们的名字可以看出，一些这类新的手工作坊是已有制陶作坊所设立的分部。

制作带有浮雕装饰的陶器时使用碗形模具的做法，使陶工的工作过程发生了很大的变化。那些要在成品容器上展现出来的浮雕，首先被制成突模冲头；这些突模被压制到有着厚壁的碗形模具的内部，形成浮雕的负模。然后，这个由陶土制成的碗形模具被炼烧，在这之后，它就可以被陶工们作为模具来使用了。使用时，陶工们把碗形模具放在陶工旋盘的中心，在旋盘旋转时，把陶土压入碗形模具的内壁，再把容器壁拉至高过碗形模具的上缘。以此种方式制得的容器，不仅有一条浮雕饰带，而且有着平滑的外壁。待晾干后，就可以将略微缩小的容器从碗形模具中取出，模具还可以再次使用。对于使用碗形模具工作的陶工来说，容器的形状和浮雕装饰都已预先确定，他就不再拥有任何影响力。由于碗形模具可以反复使用，以较大的数量生产同样的容器就成了可能，这也就成了一种批量生产形式的开端。这种红精陶器所具有的光泽，是通过把器皿浸入到淘洗得极细的，

① 莱茵察贝恩是位于今德国西南莱茵兰—普法尔茨州的一个市镇。——译者注

并与草木灰混合在一起的黏土悬浮液中实现的。

在高卢的那些红精陶器制作中心里，单个的陶工们无论是在预处理陶泥时，还是在烧制器皿时，都会相互合作。当时有用来淘洗陶泥的大型水池，而在拉格罗菲桑克[①]，若干个陶工在一个陶窑中共同烧制陶器的情况，也得到了很好的实证。希腊古风时期陶窑的规模肯定不能与高卢的同日而语：在拉格罗菲桑克发掘了一个陶窑遗址，它的烧制室有 3 米多高、4 米多宽，一次就可以烧制完成超过 1 万件的器皿。高卢陶窑的顶部应该是开放的，在烧制前才被仔细地用砖覆盖起来。这里的制陶作坊大多远离城市，坐落在靠近有合适黏土出产的乡村环境中。红精陶器在当时并不是为了满足本地的需求，而是为了跨地区市场而生产的，商人把它们销往整个罗马帝国，这也是手工业行当有着极强生产能力的一种证据。

一种新材料——玻璃

玻璃早在古代近东就已经被人们认识。这时的玻璃

① 拉格罗菲桑克现为法国南部的一个小村落，古时曾为生产红精陶器的中心。——译者注

是有色的，而且仅被用于制作那些贮存软膏或油等身体护理品的细小器皿上。为此，人们研究出一种砂芯技术：在一根棍子上固定住一个由黏土和沙子制成的核块；把棍子浸入液态的玻璃料中，直到核块完全被玻璃裹住，然后通过在一块抛光板上旋转来抹平玻璃的表面，待冷却后，核块就可以被除去。在希腊化时期，玻璃也被熔铸在模具中，用这种方式，人们制造出了彩色的碗盘。

玻璃是一种不存在于自然界中的化合物。它由石英砂 [硅酸（二氧化硅）: SiO_2] 的和苏打（Na_2CO_3）构成，通过加入石灰可以使这个化合物变得稳定，从而不溶于水。玻璃的生产在当时一直取决于石英砂的矿藏，古希腊罗马时期玻璃生产的中心主要分布在近东和埃及，不过在周边有石英砂矿床的科隆，也有玻璃的制造中心。

两个具有开创性的发明，促使玻璃制造业开始了无与伦比的蓬勃发展：很可能是在叙利亚，人们于公元前 1 世纪中叶开始吹制熔融的玻璃，这种技术使得较大的容器，特别是瓶子，得以制造出来。大约在同一时期，通过添加剂制造无色透明的玻璃也获得了成功。借助这两项发明，玻璃加工业获得了全新的可能性。短短几十年间，在罗马帝国中就出现了许多玻璃制造作坊，那里的工匠对各式各样的技术进行着研发。在奥古斯都时期

（前 27—14），斯特拉波撰写了他的地理著作，其中也描述了罗马的玻璃制造业所取得的技术进步，这些进步使玻璃容器得以以低廉的价格进行售卖。普林尼在《自然史》中也用了一段文字来介绍玻璃及玻璃容器的制造。在坎帕尼亚[①]的沃尔图努斯河的入海口，石英砂通过与苏打混合，并反复熔炼的方式被制成玻璃原料，这一工艺在普林尼的时代，也已在高卢和西班牙得到了运用。

普林尼还给出了一个玻璃合成的配方，不过那个句子的表述不是很明确，大概意为石英砂和苏打以2∶1的比例混合。普氏还提到了几种不同的玻璃容器的制作方法：吹制玻璃、在旋盘上加工以及像处理银制品一样的磨刻。玻璃工匠把玻璃原料在熔炉中加热，然后用玻璃吹管——一个装有吹嘴的长铁管——蘸上熔化的玻璃，吹制成泡形。

坚硬同时却又透明的玻璃，对古罗马人产生了很大的吸引力，这可以通过庞贝的大量壁画来证明：这些画作展示了盛有水果的玻璃碗盘，从画面中可以看出，水果被放在碗盘里面、玻璃的后面，不过还高出碗盘的边缘一些；抑或他们绘制出装有半杯水的玻璃杯，以此来

① 坎帕尼亚地区位于意大利南部，是今意大利的一个大省，位处拉齐奥大省的下方。——译者注

展示这种新材料惊人的透明度。

古希腊罗马时期的玻璃工匠们，并不局限于仅生产日常使用的杯子、碗盘和瓶子这样的简单容器，他们还研发新技术，用以制作特别贵重、价格高昂的玻璃制品。玻璃器皿在当时绝对属炫耀性的物件，像元首制（自公元前 27 年）早期的双色镶嵌玻璃制品便属于此。在这种玻璃器物的深色底色之上，有第二层绘有图案的白色玻璃层。一般认为，这种镶嵌玻璃器皿的制作，是首先将深蓝色玻璃制成的器皿用第二层白色玻璃层覆盖；待白色玻璃冷却后，再在这个玻璃层上刻出浮雕。在那些最令人赞叹的古希腊罗马晚期的玻璃工匠的作品中，必须要提到科隆的镂空玻璃，这些器皿看起来就像被罩上了一层用细密针脚织成的金银丝网一般。

窗玻璃的制作也应被看作一个有深远影响的发明，它是以在一块带高边的平板上注入液态的玻璃并抹平的方式制造出来的。它使建筑艺术发生了根本的改变，因为它可以让日光通过窗户照进封闭的房间，从而使人们可以对建筑的内部，用一种全新的方式进行设计。这个发明对建筑艺术的影响，通过对两座著名建筑的对比，会尤为一目了然：一个是墙体上全无窗户，而只在穹隆上有一个开口的罗马万神庙（建造于哈德良时期，

117—138），另一个是利用大窗纳入阳光的戴克里先浴场（现为天使圣母教堂）这样的古希腊罗马晚期建筑。

纺织制造

柏拉图在他所给出的普罗米修斯神话的版本中强调，人赤身露体，需要衣服，所以他就相应地把服装的制作，归入人类在其环境中赖以生存的技艺中。柏拉图的这一做法就当时的情况来说是合理的，因为纺织品生产在古希腊罗马时期有着相当大的经济意义，并且发展为手工业的一个重要分支。虽然当时的服装很简单，有时仅仅是披在身上的布料，而且许多穷人只拥有很少的几件衣服，这些衣服还会被穿到破烂为止，但从整体上看，古希腊罗马社会对纺织品依然有着很高的需求。在当时，纺线和织布在农村家庭中，直至元首制初期甚至在富裕的城市家庭中，一直都是妇女们的职责。恰恰在纺织生产中，生产的很大一部分都属于满足自身需要的范畴。随着城市的发展，城市居民无法再在狭小的租屋中，放置一台织布机来加工羊毛，所以他们越来越依赖于购买成品服装。从公元前 5 世纪晚期开始，在希腊，甚至是粗质的批量织物也都由商户制造。这个情况从希腊化时期开始，也越来越适用于昂贵奢华的面料。自此，纺织生产普遍由专门的手工作坊接管，特别是在庞贝城，这一情况得到了很好的证明，1世纪期间，那里有大量的纺织作坊存在。对纺织品的需求给经济带来了巨大的影响：对羊毛的需求，使养羊业成为农业中一个利润丰厚的分支；富裕的消费者对丝绸的偏爱，刺激了古希腊罗马与印度的贸易；而对骨螺紫染色织物[①]的需求，则促进了腓尼基各沿海城市中印染作坊的繁荣发展。

取羊毛最初是在春季羊毛变得松散时，用双手薅取的；用剪刀剪羊毛的方法，在公元前1世纪的古罗马文学作品中已有记载，但并没有很快取代用手薅毛的做法。因为手薅羊毛有其优点，薅取的羊毛会形成一块连贯的毛毡，从而容易运输和加工。新羊毛含有很高的杂质，

① 骨螺紫提取自某些品种的骨螺，骨螺生长在海洋中，热带海域居多。骨螺的腮下腺可以分泌一种浅黄色的黏液，它在光照的作用下会变为紫色，此种紫色异常艳丽、持久。制造一克纯的骨螺紫需要用去约一万只骨螺，可见其珍贵程度。这种鲜艳而昂贵的颜色在古希腊罗马时期成为权力和身份的象征，在古罗马时期只有元老院的成员和皇帝允许大面积地使用骨螺紫。今天，真正的紫色染料仍源自骨螺，并仍是世界上最贵的染料之一。——译者注

特别是羊毛油脂。出于这个原因，羊毛必须在薅取后进行仔细地清洗，对于毛质价值极高的塔兰托绵羊，人们会在取毛前就进行清洗。

在当时的纺织生产中最重要的环节是纺纱和织布。纺制纱线是把单根的短羊毛纤维制成一根纺线。这需要借助固定有一搓羊毛纤维的纺锤和绕有羊毛的纺纱杆。纺锤上装有作为转动配重的纺锭，并被转动起来。通过用右手不停地从纺纱杆上拈取新的纤维并扭合在一起的方式，就产出一根长纱线，这根纱线由旋转的纺锤缠绕起来。织布则要用带有两根立柱的垂直织机来完成，这两根立柱支撑着水平的布轴；经纱[①]被固定在布轴上，并由石头或黏土制成的织锭从下方拉紧。在织机的中间有一根水平的细棒；所有的经纱交替地被挂于细棒的前后，就形成了“天然织口”；悬挂在后面的经纱又可以用综杆拉到前面，这样就形成了“人工织口”。固定于梭子上的纬纱，就可以在天然和人工织口间交替地穿过，织出布匹；当时的经纱和纬纱有着不同的质地，因为经纱必须足够结实，以承受由织锭产生的拉力。纬纱被向上打实，通过旋转布轴，布匹可以被不断地卷起来。如

① 经纱是指竖向的纱线，而纬纱则指横向的纱线。——译者注

古希腊瓶画所展现的，当时的妇女们以站立的姿势织布；由于织机很宽，妇女们在织布时必须在织机周围来回走动，以牵引纬纱穿过经纱。纱线在织造过程中被不可分离地编织在一起，就形成了布匹，而布匹还须进行进一步的处理。在古罗马时期，缩呢工人将布料再一次地彻底清洗，为此会使用各种洗涤剂，其中还包括陈尿。浸渍在液体中的布料会经人的双脚数小时的踩踏。人们用硫黄来漂白白色的布匹，为此，布匹被铺开摊在下方点有硫黄的架子上。清洗完的布料还要被摩擦起毛，再用剪刀去除所有突出的线头和羊毛残余，整平布料。在庞贝城，人们使用木制的螺旋压力机来压平布料。

织机很可能在古罗马时期又发生了变化，人们将经纱绷紧在经纱轴与布轴之间；[①]借此纬纱可以向下打实，这使坐着织布成为可能。这个改进乍看起来似乎无关紧要，但却在很大程度上减轻了织布工作的辛劳。

除了羊毛，古希腊罗马人还加工植物纤维，这主要涉及可以用来制造亚麻布的亚麻。古罗马时期，在高卢、波河平原和坎帕尼亚均有亚麻的种植，不过埃及也保持

① 这里的经纱轴位于织机的上方，挂有经纱，而布轴位于织机的下方。这样，织好的布匹就可以卷于下方的布轴上。——译者注

了其生产亚麻面料的重要地位，而亚麻纺织的一个重要中心是小亚细亚的大数[1]。亚麻首先要通过复杂的工序进行预加工，普林尼在《自然史》中就此做了详细的介绍。人们将已呈黄色的亚麻植株从地里拔出，然后成捆地在阳光下晒干。之后，其茎秆被放置在水中，直至完全软化。用这种方法，人们把茎部的韧皮纤维与植物外皮和秆芯分离开；接下来通过用木榔头捶打这些纤维并进行梳理的方式，为纺织亚麻面料做准备，进行梳理有助于去除残留的植物的其他部分，以及把纤维彼此分开。当时船舶上的帆由亚麻布料制成，因而亚麻布的生产也是地中海海上贸易的一个重要前提。此外，亚麻还被用于猎网的制作。

① 大数是罗马帝国时期奇里乞亚行省的首府，位于今土耳其南部，是使徒保罗的出生地。——译者注

第八章

从额枋到拱券——建筑技术

希腊古风时期的许多重要技术成就都与大型神庙的建造有关。从公元前 6 世纪开始，在各个自治城市，也就是各城邦，以及泛希腊的那些圣地中——希腊宗教崇拜的中心，如德尔菲[①]和奥林匹亚[②]——展开了相互

① 德尔菲位于雅典以西 150 公里的深山中，是古希腊一处重要的“泛希腊圣地”，也就是古希腊各城邦共同的圣地。在古希腊，这里被看作世界的中心（“世界之脐”），主要供奉太阳神阿波罗，著名的德尔菲神谕就在这里颁布，这种阿波罗的神谕由被称为皮提亚的女祭司定期传达。——译者注

② 奥林匹亚位于伯罗奔尼撒半岛的西北，同德尔菲一样是古希腊重要的“泛希腊圣地”。这里是祭拜宙斯的宗教中心，曾经矗立在宙斯神庙内的奥林匹亚宙斯像是古代世界七大奇迹之一。这里也是古代奥林匹克运动会（前 776—前 393）的举办地。——译者注

间针对修建更大体量的神庙的竞争。仅以约在公元前540年建成的科林斯[①]的阿波罗神庙为例，就足以说明这些神庙的规模：这座神庙在正立面上有6根立柱，在侧立面上有15根，每根立柱都各由一整块石头雕成，高约6米。在修建如此规模的神庙时，需要解决各式各样的技术问题，特别是像把建筑材料从采石场运送到施工现场，以及把重型石块提升到额枋[②]的高度这样的难题。

为修建德尔菲的阿波罗神庙的正立面，人们使用了产自帕罗斯岛[③]的大理石。这些石料经船由这座爱琴海上的岛屿运送到科林斯湾；从这里的港口到至圣所，还要解决约550米的高差问题。每立方米大理石的重量约为2.5吨，从这一点就可以清楚地看出，仅以运输石料一事而言，古希腊人就已成就了何等的伟绩。而建造以弗

① 科林斯是古希腊的重要城邦，位于连接大陆和伯罗奔尼撒半岛的科林斯地峡上，由于其重要的地理位置，经济非常富足。——译者注

② 额枋是搭在柱（檐柱）顶上的横梁，建筑物中负责横向支撑的一种构件。——译者注

③ 帕罗斯岛位于爱琴海的中南部。——译者注

所的阿耳忒弥斯[①]神庙的建筑师科尔斯弗隆[②]，则要面对如何将众多沉重的大理石柱身，经松软的路面运送到建筑工地上去的问题。车辆对此并不适用，所以科尔斯弗隆就设计了一种木制的框架，它以铁销与石柱相连。这样，就可以让套在这个木框前的牛，牵引这些滚动的石柱前进。对于那些不能滚动的、四方的石制额枋，科尔斯弗隆的儿子梅达格内斯发明了另一种装置。他让人建造巨型的轮子，把它们固定在石块的两端；当轮子被拉动时，石块就会像轴承一样跟着转动。科尔斯弗隆和梅达格内斯还为他们所做的工作撰写了一部著作，在其中特别强调了自己在技术上的成就。为了把建造额枋用的大型石料放置在石柱上，以弗所的这两位建筑师没有使用吊车，而是用沙袋垒出了一条坡道。直到公元前 6 世纪后期，吊车才被运用到建筑工地上。为了将石料抬升起来，必须要对它们进行加工处理。人们在石块的表面刻出卡绳索用的凹槽，这样绳索就可以绕过它们绑住石

① 阿耳忒弥斯是希腊神话中的月亮、森林和狩猎女神，太阳神阿波罗的孪生姊妹，也是奥林匹斯十二主神之一。——译者注

② 科尔斯弗隆是公元前 6 世纪时希腊的建筑师，他和儿子梅达格内斯一起于公元前 580 年至公元前 560 年间，主持建造了以弗所阿耳忒弥斯神庙。此神庙是古代世界七大奇迹之一，但在建成约 120 年后被人纵火烧毁。——译者注

块。或者，人们在石块上预留提升凸块，将绳索与它们固定。在古典时期和希腊化时期，通常使用吊装夹具或吊楔来提升重石。吊楔是一个由几个铁件组成的装置，它可以被固定在石材表面上的一个按其形状凿出的孔洞中。[①]

建筑的墙体在当时并不是通过使用砂浆来获得其整体坚固度的，而更多的是借助金属夹具和销钉，来使这些精心处理过的石块在水平和垂直方向上达到坚实的联结。那时屋顶的结构属于桁檩条式屋顶。在檩条——纵向放置并由石块支撑的木梁——之上，放置椽子，屋顶的最外层则由瓦铺成。桁檩条式屋顶的木结构不适用于较大的跨度，所以神庙建筑通常具有狭长的内部空间，有时在正殿中还有附加的柱列。由于这些条件的限制，当时大型厅堂建筑屋顶的搭建，只有在建筑内部立有若干根支撑屋架的柱子的条件下才能实现。

古风时期和古典时期的希腊建筑，深受水平和垂直的建筑元素影响，因此是建立在承和压的原则之上的艺术。在古罗马时期，又出现了新的建筑元素——拱券

---

① 吊楔（德语直译：狼）是一种用于起重型石块的工具，它由两到三块铁件组成，其中至少一块为楔形。起重前，它们被放入石块表面按照它们的大小和形状凿出的孔洞中，楔形铁件的大头朝下，这样吊楔在石块被吊起的过程中就可以承重，不会脱离。——译者注

和拱顶，它们后来成为古罗马建筑的重要标志。楔形石拱[1]已可零星地见于古风时期的希腊建筑中，它们大多是防御工事或地下建筑的构件。在这类建筑中不存在侧推力的问题，因为由拱券发出的推力被土壤，或在城门建筑中，被周围的墙体抵受住了。[2]

公元前2世纪和公元前1世纪时，古罗马建筑师们在拱形结构的营造中展现了高超的技巧。这为人们能在台伯河的宽阔河床上架设桥梁、为罗马附近的高架引水渠建造拱券路段提供了前提条件。如罗马广场[3]上的罗马国家档案馆所展现的，拱券在公元前1世纪时，还成为代表性公共建筑正立面上的主导性元素。这种形式的

---

① 楔形石拱是以若干楔形的石块搭建起的石拱。——译者注

② 此处的引申义为：拱券会将建筑上部结构所产生的下压力转换为侧推力，这个侧推力需要厚重的墙体或有扶壁支撑才能承受，仅仅是轻薄的墙体则容易开裂崩塌。古希腊时地面上的普通建筑，还没有针对承受强大侧推力的特殊设计，相应的，古罗马时期的墙体就变得异常敦实、厚重。此外，古希腊罗马时期还没有发明出尖拱，这种尖顶式拱券的侧推力较之圆拱要小很多，它在中世纪时才开始出现。——译者注

③ 罗马广场（Forum Romanum）位于罗马七座山丘的中心位置，它也是罗马共和国和帝国的政治、经济、文化和宗教中心。广场上林立着罗马最古老和最重要的建筑，包括神庙、会议场所、政府机构、凯旋门等。——译者注

正立面设计，在维斯帕先[1]执政时（69—79）修建的古罗马斗兽场的外立面上达到了顶峰，其连拱廊相叠成了三个楼层。在为纪念古罗马皇帝而建造的纪念性建筑中，凯旋门属其中一种，它的主要功用是把颂扬皇帝的铭文、展示他功绩的浮雕，以及在很多实例中都会出现的带有皇帝雕像的四驾马车，组合成一个纪念性建筑综合体。在建造楔形石拱时，要首先将各楔形石块搭建在木制的膺架上，顶石被放置好之后，石拱就具有了稳定性，膺架就可以被拆除。

古罗马建筑的第二个根本性的创新是在建造墙体时使用砂浆。古罗马的墙体的内芯由砂浆与小石块混合而成，而墙体的外壳则由雕凿得不规则的凝灰岩（opus incertum 不规则墙体）砌成。在共和制晚期，人们开始在墙体的外壳上使用尺寸一致的方形凝灰岩，使得墙体的表面呈现一种规则的斜网格图案（opus reticulatum，网格式墙体）。后来在元首制时期，烧制的砖材成为最重要的建筑材料，人们就先用砖砌成两道窄墙，再用砂

① 提图斯·弗拉维乌斯·维斯帕先（Titus Flavius Vespasianus，9—79，69—79 在位）是罗马皇帝。他结束了皇帝尼禄（54—68 在位）死后帝国内长达 18 个月的战乱纷争，改革内政，重整经济。——译者注

浆和石料填充两道墙壁之间的空隙。不过由于罗马人使用的砂浆具有很高的坚固度，人们就可以不必再用砖来砌制墙体外壳，而可以以木制的外壳取而代之，待砂浆（opus caementicium，古罗马混凝土）干燥后，木壳就可以被取下，而仅剩全砂浆的墙体。

这种砂浆由火山土壤制成，后者可以从波佐利附近的那不勒斯湾等地开采出，它甚至可以用来建造拱顶和穹隆。罗马帝国中的大量有着开阔内部空间的建筑物，都由它来架设穹顶。其中最为著名的无疑要数哈德良[①]治下建造的万神庙了，它有着一个由古罗马混凝土制成的穹隆，其直径为43.3米，这个尺寸超过了罗马的圣彼得大教堂、佛罗伦萨的主教堂和伦敦的圣保罗大教堂的穹顶。古罗马的建筑师们能够完美地使用这种材料，这可以由他们在这个穹隆不同段落处的砂浆中，加入不同的材料显示出来。用这种方式，他们成功地使穹隆上部的浇注砂浆轻于下部。烧制的砖材和古罗马混凝土不仅被应用于代表性的公共建筑中，也被用作如高架引水

---

① 普布利乌斯·埃利乌斯·哈德良（Publius Aelius Hadrianus，76—138）是罗马皇帝（117—138在位），罗马帝国五贤帝之一。在位期间，为了稳固帝国北方和西方的边防，他停止了在美索不达米亚和亚美尼亚的战争，修建了横贯不列颠岛东西的哈德良长城。哈德良还是一位博学多才的皇帝，喜好希腊文化。——译者注

渠的拱券路段或大型仓库等实用建筑的建筑材料。

窗玻璃、拱券和古罗马混凝土的使用，从根本上使古希腊罗马时期的建筑艺术发生了改变。像罗马城中各公共浴场的大厅这样的室内空间，在古希腊时期于技术上还是完全不可想象的。

保留至今的戴克里先[①]（284—305）浴场中的冷水浴室，以它的恢宏尺度给现代观者带来完全压倒式的冲击力：这间带有三个十字交叉拱[②]的大厅（自文艺复兴以来改建为圣母天使教堂）面积达 90×27 米，高度达 28 米。

虽然在古罗马的建筑中，像这样大跨度的内部空间的屋顶多由拱顶或穹顶来建构，但仍有一些建筑类型保持了它们木制屋架的特征。对古罗马建筑的进一步发展产生重要影响的一个事实是，基督教采用了巴西利卡长方形会堂[③]的形制，作为他们集会建筑的建筑

① 盖乌斯·奥勒留·瓦勒里乌斯·戴克里先（Gaius Aurelius Valerius Diocletianus，250—312）是古罗马皇帝（284—305 在位）。他结束了罗马帝国的“3 世纪危机”（235—284），建立了四帝共治制。——译者注

② 十字交叉拱是拱顶的一种形式，为四个筒拱（筒形的拱顶）的十字交叉。——译者注

③ 巴西利卡在古希腊罗马时期指一种长方体的大型厅堂式的公共建筑形式，用作法院、市场等。在基督教沿用了巴西利卡的形制来建造教堂后，巴西利卡的概念也发生了改变。在当今

形式。就那些自君士坦丁大帝（306—337在位）开始兴建的教堂的宽度而言，有必要使用一种既能减轻对建筑外墙的侧推力，又能实现大跨度的屋架结构。一种适合这种需求的结构设计，确信在公元2世纪就已经存在。这种结构是将椽子与一根屋梁接合成一个不会产生侧推力的三角形，然后放置在墙体上。古希腊罗马晚期非常重要的巴西利卡式教堂的大跨度中殿，都采用了这种结构来搭建屋架。

古罗马的建筑师们也同样要应对提升重型石方的问题，为此他们使用了吊车。对于它，不仅维特鲁威在他的《建筑十书》中做过描述，而且在一些古罗马的浮雕作品中，它还被以图像的形式展现了出来。譬如在梵蒂冈境内的哈特利乌斯[①]墓碑上，就可以找到它的身影：这里的吊车，由若干根可以通过绳索来移动和固定的木桩构成，而用来提升重物的绳索则穿过滑轮组运作。在古罗马的建筑工地上，人们用这种方式利用了滑轮组的

的建筑史和艺术史的概念中，巴西利卡是指带有一个中厅、两侧有侧廊的长方形建筑，并且中厅较之侧廊要更宽且更高，在中厅高出侧廊的部分还要有一段带明窗的墙体。——译者注

① 昆图斯·哈特利乌斯（Quintus Haterius，约前65—前26）是古罗马元首制早期的一位罗马元老院成员，很有雄辩的才能。——译者注

省力效果。为了能使人力得到最有效的利用，吊车与一个由若干人驱动的脚踏轮相连。滑轮组和脚踏轮，标志着古罗马在起重技术上的发展水平，这一水平直到近代早期几乎都再没有被突破过。

第九章

运输业

陆路运输

在古希腊罗马时期，人们对大部分的货物只进行相对短途的运输。大多数的城市，都由它们的周边地区供给农产品，特别是粮食、葡萄酒、橄榄以及新鲜的水果蔬菜这样的物资。农民们到达城市市场需要走的距离至多也就 10 到 12 公里。对于这个距离，一个农民早起出门去市场，晚上就能回到自己的村庄；这是一头驮畜一天内能胜任的脚程。当时人们对手工业产品的需求，在很大程度上由当地的手工作坊就可以满足，以至于就城市居民的日用品供应而言，并没有对强大的运输能力有什么需求。

相对于牲畜牵拉的车辆来说，驮畜在很多方面都有着它的优势：它们不需要铺设得平坦的道路，而能够在崎岖的小道上行进，还能爬过陡坡、蹚过河流。那些特别是在农村地区被用作驮畜的驴子，虽然工作效率不高，但对于饲料和圈养的要求都很低。在运输大批量的货物时，人们会把驮畜聚集成商队，这种做法在西罗马帝国也不例外，比如在普利亚，为了将收获到的粮食运到海边时；或是在高卢，用驮畜将不列颠出产的锡从运河运送到马赛时。

马车在古风时期的希腊，主要是用以迅速、省力地到达一个遥远的地方。荷马在《奥德赛》中就讲述了奥德修斯的儿子忒勒玛科斯，是如何乘坐一辆马车从皮洛斯①前往斯巴达②的。由骡子拉的车也出现在瓶画中，这些车辆上装载着像大型双耳陶瓶这样的重型货物。这些单轴骡车的两个轮子没有辐条，它们还只是撑梁轮，这种轮子上有一根连接轮毂③与轮辋④的结实撑梁，在

① 皮洛斯位于今希腊伯罗奔尼撒半岛的西南角。——译者注

② 斯巴达是古希腊最强大的城邦之一，以严酷的军国主义统治著称，公元前2世纪时衰亡。该城邦位于伯罗奔尼撒半岛南部，首府斯巴达城位于半岛的中南部。——译者注

③ 车轮中心可插轮轴的部位。——译者注

④ 车轮的边框。——译者注

撑梁上又安装两根与其成直角的支柱，以使轮子更为坚固。除此之外，当时还有重型的牛车，它带有用两块厚木板拼成的盘式大车轮。牛被两头一组地套在车前的一个固定在车辕上的轭上。当时的轭有两种形式，一种是普通的轭，它被套在动物脖子的肩隆上方；另一种是额轭，它被绑在动物的角上。不过在古罗马的帝国时期，科鲁迈拉对额轭在农业生产中的应用予以了反对，因为他认为这种挽套方式会将牛的头向后拉，使它不能以足够的力量进行牵拉。

在古希腊罗马时期，陆路运输在地中海地区的许多区域内几乎没有发生任何改变。在西西里岛上的皮亚扎阿尔梅里纳城[1]的一座郊外庄园中，保留有一幅古希腊罗马晚期的镶嵌画，其上绘有一辆由两头牛牵引的、带有盘式大轮的重型牛车，车上运载着野生动物。甚至到了中世纪和近代早期，运输的方式也几乎没有发生任何变化。这里仅举一个例子加以说明：在由安布罗乔·洛伦泽蒂[2]绘制的锡耶纳市政厅里的壁画中，展现了装在袋子

① 皮亚扎阿尔梅里纳是意大利西西里岛上的一座城市。——译者注

② 安布罗乔·洛伦泽蒂（Ambrogio Lorenzetti，约1290—约1348）是意大利画家，锡耶纳画派的代表人物之一。文中提到的《好政府和坏政府的譬喻》（1338—1339）三联壁画组是其最

中的粮食是如何由驴子背驮着运进治理良好的城市中的。

然而在罗马帝国时代早期的高卢诸省和意大利北部，却出现了运输业中的根本性技术革新。这很可能是与古罗马的道路建设密切相关的。从1世纪起，在帝国的西北省份中开始有了铺石路面，它们一般都很平缓、坡度不大，并且能够常年通行，遇到河流也可以通过桥梁轻松跨越。因此，车辆和挽具就有了发展的前提条件。在许多高卢的浮雕作品中，都可以见到配有辐条式车轮的两轴四轮车的身影，这些用来运输以大木桶装盛的葡萄酒这类重型货物的车辆，由马或骡子牵拉。在这些艺术表现中很典型的是，车夫们不再在车辆边上跟着走，而是坐在车上，这表明这些车辆比牛车行进得要快。

还能够清楚地看出的是，马的挽套方式发生了变化。由于马没有像牛那样高耸的肩隆，所以牛轭不适合作马匹的挽具。马的挽具被套在脖颈上，而且与牛不同的是，这时的马匹行进于装有挽具的木杠之间。朗格勒[①]的一幅浮雕，还展示了一辆由四匹马前后成对挽套的马车。这幅浮雕很好地证明了古罗马人在开发新的马匹挽套方式上的能力。在当时人们也会将单匹的马挽套在一辆单

著名的作品之一。——译者注

① 朗格勒是今法国东南部城市。——译者注

轴车前。马匹行进在挽杆之间，不会受到挽具的任何阻碍。以前的旧观点认为，古希腊罗马时期不用马来牵拉重物，是因为轭与马匹的解剖结构不符，而当时又没有其他挽具可用。鉴于新的研究，尤其是对表现古罗马车辆的艺术作品的分析，这种观点是站不住脚的。虽然运输和交通领域中的这些根本性创新，没有在整个地中海地区普及开来，但它们却使经济发展遍及西北各行省的广袤内陆地区成为可能。

在元首制早期的西北诸行省中，除了大型双耳陶瓶，木桶也越来越多地被用作盛装液体的容器。相较于大型双耳陶瓶，木桶有几个优点：首先，容器和液体的重量比要合算得多；其次，双耳陶瓶必须被搬运，但木桶可以滚动着移动，就像德国美因茨的一幅描绘港口场景的艺术作品所展现的那样。另外，木桶还可以被做成不同的尺寸，甚至可以被制成一只占据整辆车的载货面积的大型木桶。

造船和航海

地中海为古希腊罗马的经济充当着天然基础设施的

角色。那时的人们只要拥有一条或大或小的船，就可以在海上运输货物，由此抓住贸易机会。对于工业化以前的社会而言，海上运输相对于陆路运输所具备的优势，被亚当·史密斯令人信服地予以了说明：如果将一艘载有 8 名船员、200 吨货物的船只的货载量，经陆路运送到一个远程目的地，就需要 50 辆 8 匹马拉的重型马车，也就是共需 400 匹马拉车、100 个车夫驾车；而且途中不仅要为 400 匹马提供饮食，夜间还要把它们安顿在马厩中。很显然，海路运输比陆路运输要便宜许多，从这点上来看，地中海为其沿海地区的居民提供了绝佳的交流和货物交换的条件。

古风时期的希腊船只通常是细长的小艇，由桨带动前进，顺风时也可以张起风帆航行。到公元前 6 世纪，人们发展出了两种不同的船只类型，一种是细长的划艇，它被用于海战或者海上劫掠，另一种是较短的贸易船只。

当时海战策略的目标是从侧面撞沉敌舰。为了这一目的，划艇的船头装配有舰艏撞角，它可以在吃水线以下划破敌舰的舰身。为使划艇能够达到更高的速度、实现更大的撞击力度，就需要增加划桨手的数量，但同时又不延长艇身的长度，因为那样将损失船只的可操作性和适航性。出于这个原因，人们借鉴腓尼基船只的形式，为船身的每一侧安置两层桨座。船体的侧壁因此加高，下面一层的桨手坐在船身的深处，侧壁上这时有了为他们的桨叶开出的洞口。大约在公元前 500 年时，三列桨座战船——带有三层桨座的舰船，被建造了出来。借助此种战船，希腊人在公元前 480 年的萨拉米斯战役[①]中对抗波斯舰队时，取得了决定性的胜利。

希腊化时期和古罗马时期的舰队，同样是由每侧有数排桨座的划艇组建而成的。不过，罗马人在他们对抗迦太基人的第一次海战中使用了不同的战略。因为他们在陆地战上强于迦太基人，但海战经验不足，所以他们转而登上敌船，以全副武装的士兵攻击敌人。马克·安东尼[②]在公元前 31 年的亚克兴角[③]海战中，甚至如同陆地战斗一样，为他的舰队装备了攻城塔和投石机。

希腊商船的形象在公元前 6 世纪晚期的瓶画上有所

---

① 萨拉米斯为一希腊岛屿，位于雅典附近。萨拉米斯战役（公元前 480 年）是第二次希波战争中的一场海战。兵力处于劣势的希腊联军击败了波斯舰队，扭转了战争的局势。——译者注

② 马克·安东尼（约前 83—前 30）是古罗马的政治家和军事家，恺撒麾下最重要的军事将领。在恺撒遇刺后，他曾与屋大维（后来的奥古斯都大帝）和雷必达一起组成“后三头同盟”（前 43—前 33）。在亚克兴角海战（公元前 31 年）中，马可·安东尼与埃及的联军败于屋大维，为后者称帝创造了条件。——译者注

③ 亚克兴角是希腊西岸的一个海角。——译者注

表现。它们有着宽阔、敦实的船身，在船身的中央有一根带有一张长方形大帆的高大桅杆；它们是真正利用风力驱动的帆船。船只行进的方向由两个方向舵控制，它们被斜着安置在船尾处、船身两侧的水中；坐在船尾一个较高位置的舵手负责操控这两个方向舵。人们可以对各种风力条件做出反应；风暴来临时，水手可以借助帆索缩帆，以减小船帆的面积。

船舶的建造在当时遵循着与后来的中世纪和近代不同的工艺。古希腊的木工先把船舱板[①]与龙骨、船艏柱和船艉柱连接起来，然后再将其他的船舱板填入，如此操作直至船体完成。为加固船身，最后还会在船身上加入肋骨。这种被称作壳结构的施工做法的困难之处在于，如何把船舱板牢固地连接在一起。为此，人们使用木制的榫头，把它们铆入木板上对应的槽口中（榫槽和榫头），这个技术需要很高的精确度并且相当耗时。为了建造船只，古希腊人需要大量适合的木材。制作龙骨首选橡木，因为它的硬度很高；而船舱板则通常由针叶树的木材制作。船体还会被涂上一层红铅或者覆盖上一层铅皮，以防护寄生虫的侵害。

就古希腊罗马的造船业而言，从希腊的古风时期到

---

① 组成船体的宽厚木板条。——译者注

古罗马的元首制时期，可以看出许多变化。早在希腊化时期，就已经显现出将船只越造越大的趋势，这样做的目的主要是为了迎合统治者们的虚荣心。

在元首制时期，罗马城的供给在很大程度上依赖于从埃及运来的粮食，按照现代的估算，其总量达每年约8万吨。为此，负责罗马城粮食供应的年粮部，对商船的运力提出了很高的要求。同时，葡萄酒和橄榄油的贸易量也一直显著增加。因此罗马城也开始接收经海路从西班牙的拜提卡行省（今安达卢西亚[①]）运来的橄榄油。大量发掘出的古希腊罗马沉船为当时船舶的大小提供了可靠的依据。在大多数的发掘实例中，一艘船有100到450吨的装载量，这与当时的一些法律文件的内容相符。这些文件提到，船东获取优惠的条件是船只要具备340吨的载货量。按照这种船只尺寸来计算，从埃及运来的粮食大约相当于250艘船的货载。

在这些条件的影响下，船只得到了显著的改良，尤其是帆具和索具。为了更好地利用风力，人们在方帆的上方加设了三角桅帆；较大型的船只还装设了带有前桅帆的第二根桅杆。第三根桅杆的史实明证比较罕见，但

① 安达卢西亚是今西班牙南部临地中海的省份。——译者注

不论是在文献中，还是在艺术作品中，都有对在船尾处设有第三根小桅杆的船只的描绘。此外在沿海航运中，还证实有配有一张斜桅帆的船只的存在。这种斜桅帆被与龙骨线平行地装设；桅杆在这种船只中的位置很靠前；斜桅帆被固定在一根长长的、斜着安装在桅杆下部的斜桅上。

古罗马时期的船只已能以之字形逆风航行，并在远离海岸的海面上达到相当高的速度。普林尼在《自然史》中提供了一些航线的航行时间信息。不过需注意的是，这里列举的都是那些速度格外快的航行数据。以下航行的具体时间被列出：

西西里岛—亚历山大港[①]	7或6天
普提欧利[②]—亚历山大港	9天
奥斯提亚[③]—加德斯[④]	7天

① 亚历山大港位于埃及，尼罗河的入海（地中海）口以西。——译者注

② 普提欧利即意大利那不勒斯省的波佐利。——译者注

③ 奥斯提亚是位于台伯河入海口处的港口，由于砂石淤塞，1世纪时被波尔都斯人工港所取代。——译者注

④ 加德斯（今卡迪斯）是位于西班牙西南的一座滨海城市。那旁高卢行省位于今法国南部。——译者注

奥斯提亚—那旁高卢行省	3天
奥斯提亚—非洲行省	2天

关于东地中海地区的情况，西西里的历史学家狄奥多罗斯提供了另外两个信息：

亚速海—罗德岛	10天
罗德岛—亚历山大港	4天

对于这些数据还需考虑到的是，在无风的时候，船只经常数日不能驶离港口；而在风力不利的条件下，航期也会大大地延迟。因此，路吉阿诺斯[①]在描写运粮船“女神伊西斯号”[②]的章节中就提到，从亚历山大港到罗马的航程可能需要长达70天；而《使徒行传》中关于保罗前往罗马的旅程的描述也展示，在海上航行的旅客会陷

① 路吉阿诺斯（或译琉善，约120—约180）是罗马帝国时期以希腊语写作的讽刺作家。——译者注

② 女神伊西斯号是古罗马时期的一艘巨型运粮船，约150年时航行于地中海上，将粮食从埃及运往意大利。按路吉阿诺斯的记载，此船长55米，宽13.7米，载货区深13.4米。伊西斯是埃及神话中重要的女神，是出生、复活、魔法和死者的守护神。——译者注

入何种的困境。

航海业在当时主要是服务于商品运输和长途贸易，那时还没有专门的客运船只，旅客必须搭乘顺道的商船。在旅程中，大部分乘客露宿在甲板上。在古希腊罗马时期的记述中多次提及，一艘商船上会载有大量乘客。像弗拉维乌斯·约瑟夫[①]就称，在一艘驶往罗马的货船上载有600名乘客；而《使徒行传》上记载，保罗乘坐的那艘开往意大利的船只上搭载了276名乘客。这些数字似乎高得有些不切实际，更为可信的是西内西乌斯[②]的说法，他记述了一次沿非洲海岸的航行，并称这艘船上有50名乘客。

在1世纪上半叶，运粮船以直达的航线穿越地中海，从意大利驶往亚历山大港，罗马的船只从加德斯（今卡迪斯）横跨大西洋航行至不列颠。这条航线的一个见证是

① 弗拉维乌斯·约瑟夫（37—100）是一位取得了罗马公民身份的犹太裔历史学家，撰写了几部重要的犹太史专著，包括《犹太古史》《犹太战史》等，这些作品对研究犹太历史有重要的参考价值。——译者注

② 昔兰尼的西内西乌斯（Synesios von Kyrene，约370—约412）是古希腊罗马晚期的希腊哲学家、作家和诗人，并且是托勒麦斯（Ptolemais，今利比亚境内的一座古城）的主教。他曾记述了他从亚历山大港返回家乡昔兰尼（今利比亚境内）的航程。——译者注

西班牙西北部的拉科鲁尼亚灯塔。古罗马的水手最重要的成就要数他们至印度的航行。这些船只从埃及海岸线上的米奥斯侯尔莫斯或贝伦尼克[1]出海，穿越红海，然后借着季风从阿拉伯半岛经印度洋，驶向印度南端的穆兹里斯港[2]。

内河航运

在当时的希腊和意大利，河流上的航运并没有太大的重要性，因为那时只有很少几条可以通航的河流，而且许多河流在夏季都会干涸。在意大利，虽然罗马城的供给依靠着台伯河上的航运，在意大利北部，波河的影响遍及整个地区，但这些只是例外的情况。在西班牙，特别是在其西北省份，情况则有所不同。在这里的广袤内陆地区，河流起到了交通干线的作用。高卢的罗纳河、索恩河、卢瓦尔河、马斯河，日耳曼省份的摩泽尔河和莱茵河，以及西班牙的埃布罗河和拜提斯河（今瓜达尔基维尔河）为货物的运输起到重要水道的作用。在这些

① 此两处均为红海岸边的港口。——译者注

② 穆兹里斯今称：Kodungallur 科东格阿尔卢尔。——译者注

地区，内河航运对陆路运输起到了辅助作用，因而也在这些省份的经济发展中占有很大的分量。

内河航运也面临着一些具体的问题。虽然内陆船只也配有桅杆和方帆，但是由于河流蜿蜒曲折，在河道被矫直之前很难利用风力做动力。因此罗马人再次使用划桨，尤其是在逆流航行时。所以，在一些古罗马浮雕上描绘有装载着木桶的船只，由桨手驱动它们前进。这些船只通常没有封闭的甲板，而是用开敞的船身来装运货物。它们的很多其他特点也可以通过浮雕作品来得到证明。首先要提到固定在船尾的方向舵，它由舵手通过舵柄进行操控。在西北省份的河流上，一种新的船只方向控制技术被推广开来。在水流过于湍急、无法以划桨的方式逆流而上时，部分船员会以长绳纤拉的方式拖拽船只。纤绳被固定在桅杆上，对于这种拖船来说，桅杆被置于船体非常靠前的位置是很典型的做法，用这种做法，较容易使船体保持航线。用动物来纤拉船只，最早可以由贺拉斯[①]关于他从罗马到布林迪西[②]的旅途记述

① 昆图斯·贺拉斯·弗拉库斯（Quitus Horatius Flaccus，前65—前8）是罗马帝国奥古斯都统治时期的著名诗人、批评家和翻译家。——译者注

② 布林迪西是今意大利普利亚大省的一座沿海城市，古称布隆迪西姆。——译者注

得到佐证。贺拉斯在文中描绘了旅客们如何在朋汀沼泽平原[1]的运河上，登上一艘由一头骡子牵引的小船。在古希腊罗马晚期，海上运粮船在台伯河口的波尔都斯港卸货，随后，商人们再用驳船把粮食纤拉往上游的罗马。为这项工作人们使用去了势的公牛，它们以庞大的数量在波尔都斯等候投入工作。

在西北的行省中，人们为船舶的建造推出了新技术，这些技术可以借助在美因茨的莱茵河岸发现的古罗马船只进行还原：人们这时不再使用经典的壳结构，而是使用木制模具（船模）造船，借助它，船体的宽度和形状被预先设定。人们用铁钉固定船舱板，然后用肋骨强化船身，之后模具就可以被拆下。这一工艺有着明显的优点：人们不必再使用榫槽和榫头，这样就可以用更薄的船舱板制作船身，而且可以建造尺寸完全相同的船只。使用铁钉也极大地减轻了木工的工作难度。这些造船业上的重要创新无疑要归因于西北各省的内河航运。

① 朋汀沼泽平原位于今意大利拉齐奥大省，罗马市的东南。——译者注

第十章

基础设施

港口和道路——基础设施与交通

虽然古希腊罗马时期的船运把海洋当作交通路径来利用，并因此在初期无须依赖基建设施，但对于古风时期越来越频繁的贸易活动来说，这种在海岸上进行货物交换，再将结束了海上航行的船只拖往岸边的做法，就不再能满足需求了。因此从这时起，希腊人开始兴建在恶劣的天气下能为船只提供庇护、为装卸提供便利的港口。在针对萨摩斯岛的论述中，希罗多德提到了那座 30 多米深、300 多米长的大型防波堤码头。通过这种防波堤的建设，希腊人在海岸线前修建了可供船只停靠的开放式港池。早在古罗马时期，人们就以这种方式建造港口，如在普提欧利，那里的防波堤由巨大的拱券构成并深深地伸入大海；抑或像在安科纳[①]，人们还为感谢在那里建造了防波堤的图拉真皇帝（98—117在位）建起了一座凯旋门。

维特鲁威介绍了古罗马建造港口设施的方法：首先，人们用木桩做成无底的大型沉箱，把它放入水中。然后在这些沉箱中注入古罗马混凝土，由于此混凝土具有水合性，所以在水下也会硬化。在没有混凝土可用的情况下，维特鲁威推荐了另一种方法：这种情况下的沉箱由双层木制壁板组成，其间用黏土填塞密封，这样沉箱就可以被抽空，从而可以在干燥的状态下建筑地基。另外，按照维特鲁威的描述，对于水流湍急的海岸，可以将之后要沉入水下的构造部分，在陆地上的一个平台上建造完成，将它搁置两个月变干，然后再慢慢沉入海底。在普林尼的书信中有一个关于臣图姆切莱港[②]建设工程的很直观的介绍："在一个海湾中正在兴建一座港口，其

---

① 安科纳为意大利东岸、亚得里亚海边的一座港口城市，马尔凯大省的首府。——译者注

② 臣图姆切莱港今属罗马首都广域市，今称奇维塔韦基亚(Civitavecchia)，仍为拉齐奥大省中的重要海港。——译者注

左侧的防波堤道已经矗立在坚实的基础上，而右侧的还在施工中。在进港处的前方正在形成一个岛屿，它可以作为破浪堤抵抗被海风推进的大水流，并且为两侧的船只提供安全抵港的保障。整个设施以一种非常值得一见的技术建造起来。一艘宽大的货船载来巨大的石块；它们被一块接一块地沉入海中，以自身的重量停留在各自的位置上，并逐渐累积起来成为一种形式的大坝。一块石背刚刚露出水面、划破了咆哮着的巨浪，就又淹没在波涛中了。”（德语译文出自 H. Kasten）

台伯河入海口处的港口建设同样是一个技术上的杰作。直到 1 世纪，在罗马附近的海岸线上，还一直缺少一个可以接纳那些把粮食从埃及运抵意大利的大型货船的港口。罗马皇帝克劳狄[①]将确保罗马粮食供给当作一个重要问题来看待，因而下令建造一个能解决此问题的港口。虽然建筑师们以建设计划不现实为由予以拒绝，但克劳狄仍坚持对此项目的执行。在陆地上，人们挖出一个大水池，同时建造两道大型防波堤，使一个圆形的

---

① 提贝里乌斯·克劳狄·恺撒·奥古斯都·日耳曼尼库斯（Tiberius Claudius Caesar Augustus Germanicus，前 10—54）是古罗马帝国第四任皇帝(41—54 在位)。他的统治力求各阶层的和谐，致力兴建实业。——译者注

港池得以形成。一个大型的破浪堤保护着港口的入口，在其上还建有灯塔，而这个破浪堤的基础则是通过在其位置上把一艘满载石头的船只沉入海底而建造成的。后来，图拉真在朝内陆的方向又兴建了一个六角形的港池，它有 700 多米长，可以为超过 100 艘的船只提供泊位。

许多古希腊罗马时期的港口都配有一座灯塔。第一座灯塔在公元前 3 世纪时，由托勒密王朝[①]的君主们主持建造于亚历山大港附近的法罗斯岛上。由于埃及的海岸线非常平直，水手们在这里缺乏辨认方向的标识物，所以人们就为海岸线加设了高高的灯塔。大概自公元前 1 世纪起，塔的顶部始终保持有燃烧的火种，以便即使在夜间人们也能够从远处看到它。在古罗马帝国有许多可以证实的灯塔的存在，如在墨西拿[②]或多佛尔[③]。台伯河口港口波尔都斯的灯塔及其塔尖的火焰，还被描绘进了一幅表现整个港口的巨型浮雕中（今罗马，托尔罗尼亚博物馆）。屹立至今的西班牙西北部的布利干提翁灯塔（今拉科鲁尼亚），是古罗马时期大西洋航运的一

① 托勒密王朝是公元前 4 世纪至公元前 1 世纪统治埃及及周边的一个王朝。——译者注

② 墨西拿位于西西里岛的东北角。——译者注

③ 多佛尔位于不列颠岛的东南角，与法国的加来港隔海相望，是英国最靠近欧洲大陆的港口。——译者注

个重要见证。

运河的建设在当时需满足两方面的功能：其一，应使船只免于在海岬附近的惊涛骇浪中进行危险的航行；其二，应为货物的运输建立起内河航运的水路或连接两个海区的航线。早期运河建设的情况可见于希罗多德的著作。在法老尼科二世执政期间（前610—前595），埃及人用运河将尼罗河与红海连通；而波斯人也在备战针对希腊人的战争时，为他们的舰队建造了一条横穿两公里多宽的阿索斯半岛地峡的运河。在古罗马时期，有数次运河建设是可以考证的，不过这其中的一些项目未能完成。在对抗辛布里人和条顿人的战争期间，[1]马略[2]下令在罗讷河口修建一条运河，因为此河的支流淤塞，不能再通航。这条运河后被交付马西利亚（今马赛）管理，此城就对来往的船只收取税费，这极大地促进了这座城市的财富增长。在尼禄执政期间，建筑师塞维鲁斯和赛

---

① 辛布里人和条顿人均为古代日耳曼人的分支，他们分别在公元前102年和公元前101年败于盖乌斯·马略所率的罗马军团。——译者注

② 盖乌斯·马略（Gaius Marius，前157—前86）是古罗马著名的军事家和政治家，在任罗马共和国执政官期间，击败了日耳曼三族（阿姆布昂人、条顿人和辛布里人）和北非的努米底亚国。——译者注

勒曾经规划了一条连接波佐利和奥斯提亚的运河，它本可以避免人们再沿着罗马和那不勒斯湾之间的海岸线，进行危险的航行，不过，它和那条贯穿科林斯地峡的运河修建工程一样，都在尼禄死后被搁置了。后面提到的那条运河本应为爱琴海和亚得里亚海建立起连接，并且本也可以借此避免那些绕过危险的马里阿角[①]的航行。高卢诸省中的运河，则主要肩负着保证罗马军团供给的功能。公元 47 年，人们在莱茵河和马斯河之间建起了一条运河，而一些年后，在摩泽尔河和索恩河之间兴建运河的项目却被放弃。小普林尼[②]的一封书信透露了这些建设规划的动机。在信中，他建议图拉真在小亚细亚的尼科米底亚[③]附近修建一条运河，其理由是：大理石石料、水果和木材经水路运输花费很少，而经陆路则需付出极大的人力、物力才能将其运到海边。由此可见，

① 马里阿角是希腊伯罗奔尼撒半岛东南端的一个海角，这里气候多变。——译者注

② 盖乌斯·普林尼·采西利乌斯·塞孔都斯（一般称“小普林尼”Gaius Plinius Caecilius Secundus，61—113/115）是罗马帝国时期的一位讼师、元老院成员和作家，老普林尼的外甥，留存下来的著作多为书信。——译者注

③ 尼科米底亚位于今土耳其西北部，今称伊兹米特。——译者注

对小普林尼来说，降低运输成本是考虑的重点。

对于古希腊罗马时期的地中海地区的交通和运输来说，除了海运，古罗马的道路网络也有着极其重要的意义。这一交通网络源于公元前4世纪和公元前3世纪时，罗马人和意大利各部族之间旷日持久的军事冲突。在这些战争中，罗马人将其注意力放在意大利中部的内陆地区，而不是像希腊人那样放在海上。出于政治和战略的考虑，在公元前4世纪末和公元前3世纪，罗马人修建了第一批长途公路：从罗马至那不勒斯湾的阿皮亚大道和从罗马至阿里米努姆(今里米尼)[①]的弗拉米尼亚大道。弗拉米尼亚大道使罗马和已有罗马公民聚居的亚得里亚海北部地区建立了联系。意大利中部和北部的古罗马公路建设还有一个关键的前提，那就是从罗马至波河平原的海路航线须环绕整个意大利半岛，需要极长的时间，因此路程更短的陆路相对于海路有着很大的优势。所以在公元前2世纪，波河流域的开辟就通过公路建设被大力地推展。

古罗马的公路建设起先是为军事目的服务的，它可以让军队快速地到达各自的任务位置，并确保已吞并的

① 里米尼位于意大利东北部、亚得里亚海岸边，属意大利的艾米莉亚—罗马涅大省。——译者注

领土在军事上的安全。这些道路后来却越来越多地为平民所用。在高卢的浮雕作品中很典型的是，马车的旁边会绘上一个里程碑，以显示其行驶于一条长途公路（via publica）上。大多数的罗马行省在元首制时期，都建立了性能卓越的交通基础设施。像M. 阿格里帕[①]就在高卢的卢格敦努姆（今里昂）建立了一个公路网络，把高卢那旁行省（法国南部）在西面与大西洋、北面与海峡沿岸、东北面与莱茵河连接起来，由此拓展了高卢辽阔的内陆地区中的商品交换。同样的建设也可见于西班牙行省。这里的于奥古斯都时期铺设的奥古斯都大道，连接了比利牛斯山和大西洋边的加德斯城（今卡迪斯）。

当时公路路线的划定，是以它们能够全年通行为出发点的。太陡或弯路太多的地段被尽可能地避免，而用方石块铺路的做法，减少了因强降雨致使道路无法通行的情况。罗马人所铺设的道路给希腊人留下了怎样的印

① 马尔库斯·维普撒尼乌斯·阿格里帕（Marcus Vipsanius Agrippa，前64—前12）是古罗马军事统帅和政治家，奥古斯都大帝的密友和女婿。他在任执政官期间，赴高卢改革行政和税收制度，兴建公路和水道。——译者注

象，可以从普鲁塔克[1]就C. 格拉古[2]主持的道路建设活动做出的评价得知："大道笔直地贯通全国，有的铺以雕凿的方石块，有的覆以夯实的沙土。……每个路段都以里[3]划分，为表明距离，每一里处都竖以石柱。"现今只保存下来一篇精确描述道路建设技术的古罗马文献。它是斯塔提乌斯[4]为多米提亚纳大道所作的一首赞美诗，这条大道大大地缩短了罗马和那不勒斯之间的路程。按照斯塔提乌斯的描述，人们先为路牙划界，然后深挖路牙之间的范围，再填以铺路材料，使表面的铺路石在负载的状态下也不会凹陷。6世纪时，意大

---

① 普鲁塔克（约45—约125）是古罗马时期的希腊作家，著有多部传记类和哲学类书籍，如《希腊罗马英豪列传》。——译者注

② 盖乌斯·塞姆普洛尼乌斯·格拉古（Gaius Sempronius Gracchus，前154—前121）是古罗马共和制时期的政治家，与其兄长提贝里乌斯·格拉古合称格拉古兄弟。盖乌斯于前123和前122年当选保民官，推行改革，维护平民权力，后因改革触犯了保守势力而被逼迫而死。其兄提贝里乌斯的命运与其相似。——译者注

③ 古罗马时期的1里等于1482米。——译者注

④ 普布里乌斯·帕皮纽斯·斯塔提乌斯（Publius Papinius Statius，45—96）是古罗马时期的拉丁语诗人，生于那不勒斯。——译者注

利本土的古罗马公路的坚固程度仍使普罗科普[1]留下了深刻的印象："铺路的石块是如此坚固地彼此结合在一起，让人觉得它们不是用灰浆黏合在一起的，而是生长在了一起。虽然长久以来，载重车辆、人和各类牲畜日复一日地往来于其上，但那些铺路石既没有从其位置上松脱，也没有破损或变小，甚至它们的光泽都没有减少分毫。"

由于公路网络所需，古罗马的桥梁建设也展现出极大的进步，因为这时人们已经可以在宽阔的河流上、山岳地区和低凹地带架筑桥梁，从而避免了在公路规划建设中绕很长的弯路。这个事实同样得到了普鲁塔克的注意："人们把深洼地段填平，在切断地势的山涧或峡谷上架设桥梁，因为两侧的堤岸被均匀地加高，整个工程的外观显得匀称而悦目。"建桥的前提条件是对于拱券建造技术的掌握。在共和国时期，通过架桥人们使罗马城与台伯河对岸的地区建立了联系。古罗马的建筑师们在建造石拱桥上所达到的完美程度，可以由罗马的法布里奇奥桥很好地展现出来，此桥今天仍然连接着元老院脚下的城区与台伯岛。这座公元前62年修建的桥梁拥

① 普罗科普（约500—565）是东罗马帝国的一位历史学家，重要作品有《秘史》《战争》《建筑》等。——译者注

有两个跨度为34米多的弯拱，在两拱之间的桥墩中设有溢洪隧道，洪水来袭时它可以减少水流对桥身的冲击力，桥身的上游一侧还设有保护桥墩的防波堤。许多古罗马的桥梁都带有很高的拱券，所以有必要为通向桥体两侧的道路铺设陡峭爬升的路堤，以使桥梁能够在足够的高度上跨越河流。这种设计针对的是冬季，特别是春季的洪汛，以防止桥面被淹没甚或是桥梁结构被洪水冲垮带走。人们在西班牙诸行省建造了跨越宽阔河谷的桥梁，最长的古罗马石桥位于奥古斯塔—埃梅利塔城（今梅里达）[①]边的瓜迪亚纳河上，它有790米长，带有60个拱券。

古罗马人已经有能力在河床中安置桥墩的基础，但这种工程做法在技术上非常复杂，所以如果可能，桥墩还是被架设在堤岸上，为此人们就必须将就一座桥上的拱券会有不同跨度的情况。一些桥梁引领着公路高高地跨过河谷，如罗马以北的纳尔尼桥，它以30米的高度越过纳尔河（今内拉河）。古罗马桥梁建筑的巅峰之作无疑要数图拉真治下修建的西班牙的阿尔坎塔拉桥[②]，

① 梅里达位于西班牙西南。——译者注

② 此桥位于西班牙西部边境上的阿尔坎塔拉市。——译者注

它全长 194 米，有 6 个拱券，其中最大的拱券跨度为 28.8 米；其桥身高于塔古斯河（今塔霍河）的水平面 48 米，这个高度需由异常巨大的桥墩来支撑。

罗马人能够在建造桥梁时适应各地的地形条件，对于特殊的难题还能以非常规的方式加以解决。例如罗纳河在阿雷拉特（今阿尔勒）[①]地段的水流异常湍急，于是罗马人就没有像往常一样在此处架设一座石桥，而是搭建了一座浮桥。木质的桥身由浮船撑起，这些浮船通过绳索固定在两个建造在上游方向堤岸上的巨型墩柱上。另一个在古代就声名远扬的工程，是由大马士革的阿波罗多洛斯[②]建造的横跨多瑙河下游一处河段的桥梁。它在图拉真发动的达基亚战争期间，主要用于军事用途。其桥身拥有 20 根石制桥墩，全长 1000 多米，高 40 余米，在桥墩上建有大跨度的平圆拱木质结构以支撑桥面。图拉真记功柱上的浮雕对此桥有所表现、阿波罗多洛斯还特为此桥撰写了一篇文章，这一事实可以表明，这座建

---

① 阿雷拉特为法国地中海沿岸城市，位于马赛西侧，罗纳河在此入海。今称“阿尔勒”。——译者注

② 大马士革的阿波罗多洛斯（约 65—约 130）是古罗马帝国时期著名的建筑师和工程师，来自叙利亚行省的大马士革。他受到图拉真的重用，完成了大量建筑作品，如图拉真记功柱、图拉真广场等。——译者注

筑在当时被赋予了何等重大的意义。

古罗马人在公路建设上的成就是独一无二的。从不列颠到努比亚、从毛里塔尼亚[①]到叙利亚，他们建成了总长约 8 万公里的铺石长途公路。在罗马帝国的所有省份，都有全年皆可通行的公路供人使用，这些公路在城市以外的路段上还有供商人和旅人过夜、役畜得到照料的驿站。此外，公路旁竖立的里程碑还使辨认方位变得简单起来。斯特拉波用这样的说明刻画了罗马公路的特性：它们使一整船的货物由一辆车来运输成为可能。古罗马的道路系统对经济和社会的重大意义无疑远远超出了其军事功能，它为帝国广大内陆地区的经济渗透和罗马化创造了先决条件。这一点在当时就已经被人们认识到了，这可以由 2 世纪时的艾利乌斯·亚里士蒂德斯[②]所做的一个评注来证明："荷马所说的：'但地球是人类所共有的'，竟由你们真正地实现了。你们测量了整个寰球，在江河上架设了各式的桥梁，为铺设道路凿穿了山岳，在人迹罕至的地区也设立了邮政驿馆，并且在各

① 毛里塔尼亚是当时的罗马行省，地处北非的地中海沿岸，与西班牙隔海相望。——译者注

② 艾利乌斯·亚里士蒂德斯（117—约 181）是古罗马时期的一位希腊语雄辩家和作家。——译者注

地都引入了一种文明有序的生活方式。”

供水

地中海地区的自然条件对这里的供水问题产生了极大的影响：这里的降水量在一年各季的分布极为不均，夏季的干旱导致缺水，地下水资源相对匮乏，此外这里还存在着石灰岩山区蓄水能力不足的问题。鉴于这些因素，在古希腊罗马时期，给城市充分地供水是很困难的。当城市被建立在容易防守或者交通方便但资源匮乏的地理位置上，抑或当城市人口的增长迅速到当地的水源供应已无法满足需求时，这一问题会更为突出。

除泉水外，当时还主要依靠井水来保证供水。譬如由梭伦法典可以得知，在阿提卡，水井会被挖至约18米深；到一口水井的最大距离被规定为4斯塔迪翁(Stadion，约730米)。水被装在容量大约为10升的陶器（希德利亚水罐 Hydria）[①]中运输。在阿提卡，妇女们打水时把它们顶在头顶，正如大量黑绘瓶画所展现的那

① 希德利亚水罐是一种大肚细颈有双耳的陶罐。——译者注

样。水井处安设有一个带有负重的提水杆，以方便提起盛满水的水罐。

在公元前6世纪，人们已在希腊的许多城市建起了遮井棚屋，譬如科林斯的贝雷纳泉；墨伽拉[①]的塞阿戈奈斯遮井棚屋，在这个井棚中置有一个大水池，妇女们可以从里面取水；还有雅典的在庇西特拉图时期[②]修建的埃内阿克鲁诺斯井棚，保萨尼亚斯[③]曾经提及过它，而其遗址已在城市市场的南部边界上被发现。雅典的这个遮井棚屋设有流水嘴，它是一个水流持续流动型的水井，人们可以直接把水罐放到流出的水柱下面接水。在这样的遮井棚屋中接满水后，不必再费力地把沉重的水罐从井底提上来。鉴于这些井棚所处的市内中心位置，妇女们打水的脚程一定是大大地被缩短了。

在科林斯，地下水由在岩石上水平凿出的排水廊道收集起来，然后被输送到遮井棚屋中。而雅典则必须从市南的海麦塔斯山脉的山泉中取水，跨越7公里多的路

① 墨伽拉是希腊阿提卡地区的一座城市。——译者注

② 庇西特拉图（约前600—前527）是古希腊雅典的一位僭主（通过暴力夺取政权的独裁者），不过他改进了雅典的供水状况，铺设了一条输水管道。——译者注

③ 保萨尼亚斯（约115—约180）是罗马时期的一位希腊地理学家和旅行家，著有《希腊志》。——译者注

程，经伊利索斯河谷，把水输送到市集上的遮井棚屋中。雅典水道的地下管道由陶管制成，并且在公元前 6 世纪时就已经铺设完成。同样在古风时期，人们还建成了萨摩斯水道。这里的水源与城市之间有一个高耸的山脊，为了修建水道，建筑师尤帕里诺斯主持开凿出了一条贯穿山脊的、长 1000 米的隧道。为了最大限度地缩短工期，人们从山体的两侧同时开始开凿作业，这种做法是以对山体的精确测量和对隧道段精准的路线设计为前提的。希罗多德在他的历史著作中不仅提到了萨摩斯港口的防波堤，也提到了这条隧道。这位历史学家特别以指出其建筑师姓名的方式，对这座隧道在技术上的成就予以了赞赏。

希腊化时期，在阿塔罗斯王朝[①]的统治者们将帕加马[②]的卫城改建成其宫邸时，足够的供水成为一个极大的难题。在帕加马的房屋中虽然有可以储存雨水的蓄水池，但是缺少相应的新鲜泉水的供给。出于这个原因，人们不惜消耗极大的技术资源和资金，从城北约 40 公

---

① 阿塔罗斯王朝在公元前 283 年至公元前 129 年之间统治帕加马，使之一度成为一个强盛的国家。——译者注

② 帕加马是古希腊城邦及王国，位于今土耳其西部，距爱琴海约 26 公里。——译者注

里处的马德拉大格山脉引入水源。由于帕加马位于一座巍峨耸立的高山上，所以在这里不能像往常那样，依靠修建一条有落差的水道将水引入城市。因此希腊的建筑师们，就用明渠重力管道[①]将水引至山间仍高于帕加马城的一个位置，在那里建造一个贮水室，并在从该处到帕加马城的约 3 公里长的距离内铺设压力管道，这些管道很可能是用铅管制成的。G. 加布莱西特称该水道为“古代水利工程中最伟大的成就”之一，决属实至名归。

罗马城中的大型引水道及长途公路建设，始于公元前 312 年起担任罗马监察官[②]的阿皮乌斯·克劳狄[③]。由

① 明渠重力管道中的“明渠”是指管道中的水有自由表面，未充满管道，受均匀的大气压力，相对压强为零；与之相对，压力管道中的水，充满管道内壁，如有落差等条件，水的相对压强较大。明渠可以是开敞的水渠，也可以是封闭的管道，关键在于水流是否有与大气接触的自由表面。明渠重力管道中的“重力”是指管道的起点与终点之间存在一定落差，这样水流就因重力的作用，从管道的高处（起点）流向低处（终点）。——译者注

② 监察官（Censor）是罗马共和国时期的一个重要的政府官职，负责人口普查、确认公民财产状况、监督公共道德、管理部分政府财政支出、主持公共建设工程等。——译者注

③ 阿皮乌斯·克劳狄·凯库斯（Appius Claudius Caecus，约前 340—前 273）是罗马共和国时期一位重要的政治家和演说家。他致力为平民争取权利，兴建水道和公路，Aqua Appia 和 Via Appia（罗马至卡普阿）就是由他所建。他名字中的“Caecus”

于这一时期罗马地区的水井和泉水不再能满足人们的饮水需求，阿皮乌斯·克劳狄就下令将位于罗马东部的一口泉眼通过16公里多长的地下管道引入城中。以这条阿皮亚水道（Aqua Appia）为起始，开始了直到图拉真皇帝统治时期，持续不断进行的罗马供水体系的扩建工程。譬如公元前272年就又兴建了老阿尼欧水道①(Anio Vetus)，公元前144年元老院委托执行官②昆图斯·玛西乌斯·雷克斯维护这两条水道，并确保居民饮用水的充足供应。这之后玛西乌斯又启动了玛西亚水道（Aqua Marcia）的建设工程，这条水道从阿尼欧河谷，经80多公里的距离将水引入罗马，它在罗马近郊的拱券水道段就有约10公里长。玛西亚水道的成本或达1.8亿塞斯特斯，这笔款项的价值可以通过与一个罗马士兵的年俸进行比较，清楚地加以说明。在共和制晚期(前2—

意为“瞎子”，因为他年迈后视力出现了问题。——译者注

① 老阿尼欧水道是罗马城的第二条水道，引阿尼欧河之水入罗马。水道修建于公元前272年至公元前269年间，全长64公里。阿尼欧河今称阿涅内河，是台伯河的一条支流，发源于罗马以东拉齐奥大省的特雷维山区，在罗马以北注入台伯河。——译者注

② 执行官（Praetor）是古罗马时期的一个重要的政府官职。罗马共和国时期，执行官的任务是分担执政官（Konsul）的法律事务，起先为一人，后期最多同时有16名执行官。——译者注

前1世纪），一名士兵一年可以拿到480个塞斯特斯的俸禄，那么维持一个拥有6000名士兵的军团，每年也就只需要筹措288万塞斯特斯的军俸。奥古斯都大帝时，在M. 阿格里帕的发起下又建成了三条水道。在这之后，在皇帝克劳狄将盖乌斯·卡利古拉[①]治下已动工的新阿尼欧[②]（Anio Novus）和克劳狄亚水道[③]（Aqua Claudia）建成竣工，这两条水道极大地改善了罗马城的供水。

罗马城所达到的供水标准很快就在意大利本土，以及其他行省推广开来。自奥古斯都时期开始，人们还采取了许多新措施，以确保各行省中的城市有新鲜饮用水

① 盖乌斯·尤利乌斯·恺撒·奥古斯都·日耳曼尼库斯（Gaius Iulius Caesar Augustus Germanicus，12—41）是罗马帝国的第三任皇帝，史学界常以他的绰号“小军靴”称他为卡利古拉。卡利古拉执政残暴，行事乖张，挥霍无度，使帝国的国库急剧缩水，在位不到4年被刺杀。由于他好大喜功，所以也兴建了不少大型公共建筑，文中提到的两处水道就属于此。——译者注

② 新阿尼欧水道修建于公元38年至公元52年间，全长87公里。是罗马城的水道系统中最长和最高的，可为地势高的城区供水。——译者注

③ 克劳狄亚水道修建于公元38年至公元52年间，全长69公里，其水源同样来自阿尼欧河，但位置不同。——译者注

的供应。内茂肃斯（今尼姆）[1]、卢格敦努姆（今里昂）、塞哥维亚[2]、奥古斯塔—埃梅利塔（今梅里达）[3]、萨尔代[4]和迦太基[5]这些地方的水道桥可以在这里作为例子列举出来。古罗马人在东部行省也修建了水道，譬如在小亚细亚的阿斯潘多斯城[6]。在当时的很多情况下，为将水引入城市，必须修建结构复杂的建筑工程。例如尼姆城的水道就必须跨越宽阔的加尔河谷。为此，罗马人修建了高 48 米、长 275 米的加尔水道桥。此水道桥由三层相叠的拱廊构成，下面两层拱廊的总跨度虽然不同，但支柱的位置却相同。拱廊中最大拱券的跨度达 24.4 米。里昂的水道桥则有多个压力路段，最多时由 12 个并行

---

① 尼姆是今法国西部加尔省的省会，位于马赛的西南侧。——译者注

② 塞哥维亚位于今西班牙中部。——译者注

③ 此处几个地名中括号前的名称为其拉丁语古称，括号中为其今天的名称。——译者注

④ 萨尔代是今阿尔及利亚的贝贾亚在古罗马时期的名称，当时属北非毛里塔尼亚行省。——译者注

⑤ 迦太基城今属突尼斯，位于北非的地中海沿岸，与罗马隔海相望。迦太基于公元前 8 世纪时，为腓尼基人所建，后独立为城市国家，富极一时。古罗马人称之为布匿。迦太基在三次布匿战争均败于罗马共和国后，于公元前 146 年灭亡。

⑥ 阿斯潘多斯位于今土耳其的南部沿海。——译者注

的铅管组成。仅为这些压力路段中 5 公里多长的偏转管道，按照现代估算就需要使用超过 1 万吨的铅。而为北非的萨尔代水道也必须设计和建造一条隧道，这条隧道最终在奥古斯塔第三军团的测绘师农尼乌斯 · 达图斯的技术支持下修建完成。一篇铭文还对此事进行了详尽的记述。

古罗马水道都呈现一系列典型的基本构造元素，它们会大同小异地一再出现。水道的起点都是一个取水设施，它通常是一个泉水遮房，有时还有一个可以将地表水引入水道的分水建筑。水道本身通常是有着微小倾斜度的明渠重力管道，以使水能够持续地流动。这些管道由砖砌成，内部有一层防水砂浆制成的抹灰层，其上还涂有涂料，以使内壁平滑并借此来降低摩擦阻力。水道在很长的路段上适应着地势的起伏变化。至于水道跨越山谷则有两种方式：在大约 45~50 米的高差内，人们会修建高架水道桥；而对于更大的高差这种做法就无法再确保建筑结构的稳定性，所以对于更深的陡降地形就要使用压力管道来跨越。在压力水道的起点处设有进流池，水由明渠管道汇入其中，又从封闭管道流出；在流出池，水流被再次导入一个明渠重力管道中。为了减小水压，古罗马人修建了跨越谷底的桥梁，在其上铺设铅管。

建造水道时的一个主要难点是水平的测量。为保证水能均匀地流动，必须使水道的全程尽可能地保持一致的倾斜角度。对于水平的测量来说，当时最重要的仪器是维特鲁威描述过的水平仪（Chorobat）。它有一根约 6 米长的水平校准木杆，在其两端各有一个垂直的支脚。这两根支脚由斜撑以相同的角度与校准杆相连。在斜撑上绘有垂直的线条，在校准杆上又为每一条线都附有一个测垂；如果测垂刚好对上绘制的线条，水平仪就处于完全的水平状态，任何偏差都会很容易地被测垂显示出来。使用这种仪器，即使是极细微的倾斜度，都能被精确地测定出来。与各处的地势相对应，各个水道也会有不同的落差，而落差的范围从 0.35 米 / 公里（尼姆）至 16.8 米 / 公里（里昂）不等。

引水道都结束于分流设施，这种建筑在庞贝和尼姆还有留存。在尼姆，水流通过管道流入一个圆形大水池中，从这里分出供给各个城区的封闭管道。在维特鲁威的《建筑十书》中,有对这种分流设施（Castellum 堡垒）的描述；他还认为，公共水井、浴场和私人住宅应有各自的分水管道，这样才能确保公共水井在任何情况下都有供水。对居民的供水来说，市区内的水流流动型水井起着重要的作用。在庞贝至今已挖掘出了 40 口带有一个水池的水井，它们分布于市区的各个角落；这样，在每个城区中到达一口水井的路程都不超过100米。在弗隆蒂努斯[①]列出的清单中，罗马城有591个水流流动型水井，由此可见这里的情况应与庞贝城相似。庞贝的许多水井都与一座小塔相连，小塔的顶部有一个蓄水盆，水先被输送到这个盆中，再被导入井中。这种设计可以平衡由于分流系统和处在低处的市区之间较大的高差所产生的高水压问题，以使所有的水井都能均衡地供水。虽然罗马的大型住宅的高层不安设水管，但不论是罗马还是庞贝的许多私人住宅在一层都接通有水管。在庞贝城，私家花园中的大量水井也以这种方式获取充足的水补给。

但仅仅依靠这些水道，还不足以保障整个罗马帝国所有地区中的城市在全年各季中的用水需求。正如庞贝城中的房屋所呈现出的，处在水道网络中的房屋，还可以通过方形蓄水池来收集庭院屋顶的大型天井处的雨

---

① 塞克斯图斯·尤利乌斯·弗隆蒂努斯（Sextus Julius Frontinus,40—103）是古罗马的政治家、军事将领和作家。壮年时期，他征战不列颠和下日耳曼行省；老年时期，曾担任罗马水道监督一职，并著《论罗马城之水道》（*De aquaeductu urbis Romae*）一书，为后世研究罗马供水系统提供了重要资料。弗隆蒂努斯一生中共三次担任罗马执政官，享有很高的声望。——译者注

水，并将之用作生活用水。在当时通常有两种形式的储水设施：地下蓄水池和地上的蓄水坝。地下蓄水池被设置在城市范围内的水道末端，它们在元首制时期甚至达到了宏伟的形制，譬如米塞努姆[①]的“米拉比利斯池”(Piscina Mirabilis)[②]，其占地面积就达70×25米，容量达12600立方米，而蓄水池的顶棚由48根柱子支撑。相对而言，蓄水坝的作用则在于为那些夏季极其干旱的地区，在冬季里拦截和储存水资源，以便在枯水季也能有足够的水输入水道。两个这样的水坝还完好地留存在梅里达附近并且依然运转如常，它们是普罗瑟皮那拦河坝和寇纳尔沃拦河坝。在这些水坝坝体前的水中，建有一个或两个带有小型蓄水池的取水塔，水经由该池流入水道。6世纪时，人们就已运用拱坝的原理是有史实可考的：在美索不达米亚北部的达拉[③]，为了保护城市免受洪水的侵害，人们建起了一座大坝，对此普罗科普记述道：“这个拦河坝的坝体不呈直线，而是呈半月形的弧形，这样一来，位于水流中的曲面就可以更好地抵抗

---

① 米塞努姆，今称米塞诺（Miseno），是意大利那不勒斯附近的一处地名。——译者注

② 意为“奇异水池”。——译者注

③ 达拉位于今土耳其的东南边境上。——译者注

水流强大的推力。……这一切有益于使河水在可能发生的突然上涨时聚拢在一起，而不是以全力向前冲击。”

罗马人自己从政治和社会公益的角度，赋予了供水工程十分重要的意义。弗隆蒂努斯在他关于罗马水道的著作的导言中强调，供水涉及社会公众的使用（usus）、卫生（salubritas）和安全（securitas）。弗龙蒂努斯自信满满地把罗马的引水道与埃及的金字塔和希腊的建筑作比较，后两者被贬低为没有实际用处之物。而普林尼对于罗马人对供水的看法做出了特别令人印象深刻的表述：“如果人们真切地想象一下在公众场所、浴场、鱼池、水渠、房屋、花园和城市附近的农庄中充沛的供水，那些水流经过的路径、那些建成的拱券路段、那些被凿穿的大山和以桥梁飞架的山谷，他们就必须承认，整个寰球上还没有出现过比这更令人惊叹的事物。”

第十一章

思想交流——文字和书籍

文字记录之于提升一个社会的整体效益的重要性，已在古代世界得到了认识和反思。在埃斯库罗斯的悲剧中，文字被列于普罗米修斯带给人类的、使人类文明的出现成为可能的几种能力之一。希罗多德也在他的历史著作中，对希腊文字的起源做了一些说明，他将希腊字母的源头追溯到腓尼基人的字符中。而当时的医生们，则需借助书面记录来推测疾病的发展。在哲学思考的范畴下，柏拉图在《斐德罗篇》（*Phaidros*）中探讨了文字表达的问题，尤其指出了书面表达相对于口语表达的缺点。

公元前 6 世纪时雅典和萨摩斯的两位僭主庇西特拉

图和波利克拉特斯[1]，应该就已经拥有了大型图书馆。公元前5世纪时，至少在雅典，人们已经可以购买书籍，这样人们就能去阅读那些和自己没有私交的作家们的作品。柏拉图的《斐多篇》(*Phaidon*）中的一节，清楚地表现了这一点：在这段文字中，苏格拉底讲述了他当年在购买并阅读了阿那克萨哥拉[2]的著作后，如何受到了里面论点表述的启发。色诺芬在《回忆苏格拉底》中，还记录了一段苏格拉底与欧绪德谟的谈话，[3]后者拥有许多诗人和散文作家的著作。这些证据表明，书籍已经在

---

① 波利克拉特斯（约前570—前522）是公元前538年至公元前522年间统治萨摩斯岛的古希腊著名僭主。他拥有一支庞大的海军舰队，以亦商亦盗的方式进行海上劫掠，称雄东爱琴海并与波斯抗衡，但最后被波斯人钉死在十字架上。——译者注

② 阿那克萨哥拉（前499—前428）是生于爱奥尼亚地区的古希腊哲学家。他是前苏格拉底哲学中的重要人物，并首次将哲学，确切地说是爱奥尼亚的自然哲学思想，带到了雅典。其学说对苏格拉底产生了影响。——译者注

③ 这段对话在《回忆苏格拉底》的第四卷的第二章，其中的欧绪德谟是一位拥有众多藏书，有些恃才傲物，但并不令人反感的年轻人。学界对此人是谁还存有争议。一般认为他是当时在雅典教授诡辩学的欧绪德谟（Euthydemos，前469—前399）。也有人认为，这里是色诺芬假托欧绪德谟之名，讲述自己或是阿尔西比亚德斯（Alkibiades，雅典一位杰出的政治家、演说家和军事统帅）受教于苏格拉底时的故事。——译者注

古典时期的希腊，对于知识的储存和思想的交流起到了至关重要的作用。

对于古希腊罗马社会的思想交流来说，不仅仅是文字，书写材料也起到了重要的作用。据希罗多德的描述，小亚细亚的爱奥尼亚希腊人在更为古老的年代曾用山羊和绵羊皮作为书写的媒介。从埃及引进莎草纸的这一机遇，对希腊书面语的发展产生了决定性的影响。因为莎草纸是古风时期到1世纪期间最重要的书写材料，它还使撰写较长的文学作品成为可能。普林尼详细地记述了纸莎草植物和莎草纸纸页的制作方法，他用下面这样的文字勾勒出了莎草纸对于人类文明的意义：教育（humanitas）和回忆（memoria）以及人类的不朽（immortalitas hominum），本质上都是建立在使用莎草纸这一书写材料上的。

纸莎草植物在地中海地区只生长在埃及，特别是尼罗河三角洲的沼泽地带。当时已有正规化的纸莎草种植，可以为书写材料的制造提供大量所需的茎秆。一张奥古斯都时期的这类种植的佃租契约还保留至今。在古王国时期，人们就已经认识到，这种植物可以用来制作书写用的纸张。在制作时，纸莎草的长茎被切成薄片，平铺在用尼罗河水润湿的木质台板上。这些薄条先被并排地摆放成一层，然后再在第一层上垂直地放置第二层。之后，人们用锤子使薄条彼此结实地结合在一起，这样得到的片材再被压制并晾干。在普林尼时代的罗马，进口的莎草纸在法尼乌斯的作坊中经过再加工，变得更薄，这种精细加工后的莎草纸被认为是最上乘的品种。人们将纸张的长边黏合在一起，就成为长的卷轴。根据普林尼的记述，为制作一个卷轴至多会用到 20 张纸页，那么，这个卷轴的长度就可以达到 6 米左右。在莎草纸上，人们只在一面上、以限定的行长分栏进行书写。这种卷轴（volumen）在古希腊罗马时期直至其晚期，都是书籍的普遍形式。由于在这种卷轴上只能写下数目有限的文字，较大型的著作就必须分写在几个卷轴上。普林尼曾提到，他亲眼见到过有着约 200 年历史的格拉古兄弟[①]的手稿。他的这一叙述说明了，这种卷轴书有着相当长的使用寿命。

在元首制时期，人们又渐渐发展出一种新的书本形式。它或许是借鉴了当时的那种带有蜡涂层的写字小板，

① 盖乌斯·塞姆普洛尼乌斯·格拉古（Gaius Sempronius Gracchus，前 154—前 121）是古罗马共和制时期的政治家，与其兄长提贝里乌斯·格拉古合称格拉古兄弟。盖乌斯于公元前 123 年和公元前 122 年当选保民官，推行改革，维护平民权力，后因改革触犯了保守势力而被逼迫而死。其兄提贝里乌斯的命运与其相似。——译者注

这些小木板的一侧被穿在一起而成为一个多联板。这种涂蜡写字板，适合记录那些过不了多久就可以涂抹掉的账目及简短的备忘录。通过它，人们看到了书籍装订的新的可能性。这样，莎草纸的边缘就不再被粘合成一个卷轴，而是像写字板那样被装订在一起。这样，可被视为现代图书前身的手抄本（Codex）这种书籍形式就诞生了。与这种新的书籍形式一起，羊皮纸这种新的书写材料也开始普及。普林尼认为羊皮纸应该是在帕加马发明的。[①]羊皮纸的正反面都可以用来书写，所以一本羊皮纸制成的手抄本，可以容纳比数个卷轴所容纳的还要多得多的文字。手抄本相对于卷轴还有其他的优点：它的书页有封面保护；而且相对于卷轴，装订的书册可以更好地竖放在图书馆或藏书室中。

另外，手抄本还更容易使用，因为在阅读写在卷轴上的文字时，在展开卷轴一端的同时，还必须要卷起另一端；文章读完后，还必须把卷轴向反方向再展开及卷起，以便使读者在重读时，能重新处于文章的开头位置。而且，人们不能对卷轴进行翻阅，这就使书籍作品的使用大大受限。而对于手抄本来说，读者则可以翻开文章

---

① 羊皮纸的外文名为 Pergament，与帕加马（Pergamon）相似。——译者注

的任意位置，这样，书册也就可以以查阅的方式来使用了。

早期手抄本的年代确定，依据的是文学作品中对这种书籍形式的提及和埃及的考古发现。譬如马提亚尔[1]在其约 83—85 年间写成的箴言诗《阿波弗雷塔》(*Apophoreta*)中，就列举了一系列可以在罗马购得或获赠的羊皮纸手抄本形式的经典著作。埃及的手抄本主要是基督教题材的作品，《圣经》中的篇章很快就以手抄本的形式流传开来。随着手抄本的流行，人们的阅读习惯也发生了变化。在此之前，许多罗马上层阶级的成员都不自己阅读，而是让人大声地朗读给他们听。到了古希腊罗马晚期，像安布罗修[2]这样的主教则不仅已经自己阅读，而且如

① 马尔库斯·瓦莱里乌斯·马提亚尔（Marcus Valerius Martialis，40—102/104）是出生于西班牙的古罗马诗人，以箴言诗和短篇讽刺诗著称。——译者注

② 米兰的安布罗修（Ambrosius von Mailand，或译盎博罗削，339—397）早年投身政务，后来成为米兰的主教，是天主教教会的四大圣师之一。他潜心钻研《圣经》和神修著作，致力于反对亚略异端，倡导政教分离。其代表作有《论信德》《论守贞》《讲道集》等。注：亚略异端认为耶稣并非完整的人，也并非真天主。为反对此学说，教会的尼西亚大公会议（公元 325 年）颁布了时至今日还为大多基督教派别所接受并信奉的尼西亚信经，强调了耶稣基督拥有完整的天主性："他是圣父所生，而非圣父所造，与圣父同性同体"。——译者注

奥古斯丁[①]在《忏悔录》中指出的,他是不动嘴唇地默读。甚至奥古斯丁的信仰转变也是以手抄本为提前的:在“拿起来,读吧”(tolle,lege)的呼唤声中,奥古斯丁翻开了《保罗书信》,并读到了《罗马书》中关于告诫肉欲的那一段。[②]手抄本对于文化交流史而言,无疑与中世纪后期的印刷术一样,是个意义非凡的技术革新。

---

① 希波的奥古斯丁(Augustinus von Hippo,或译奥斯定,原名奥勒留·奥古斯丁 Aurelius Augustinus,354—430)是北非城市希波的主教,天主教教会的四大圣师之一。青年时期的奥古斯丁才华横溢,放荡不羁。30岁时跟从安布罗修学习天主教信仰与神学,之后悔悟并受洗礼。在牧职内,他竭力对抗摩尼派(Manichäismus,主张善恶二元论)、淘纳派(Donatismus,主张圣事施行的有效性取决于施行者的德行)和白拉奇学说(Pelagianimus,主张人单凭己力、不需圣宠便可得救)等异端。奥古斯丁的《忏悔录》记录了他皈依天主教的心路历程。他的其他代表作有《天主之城》《论天主圣三》等。——译者注

② 这个奥古斯丁悔悟的高潮情景出现在《忏悔录》的第八卷第十二章。一日,奥古斯丁听到自己内心中对悔悟的呼唤,这时他恰巧又听到邻家儿童的读书声:“拿起(书)来,读吧”,然后就发生了文中后面描述的奥古斯丁阅读圣经篇章悔过的故事。——译者注

第十二章
机械学和计时技术

机械学和杠杆定理

像杠杆这样的机械构件，已经在埃及和古代近东应用于各种用途，在古风时期的希腊也同样如此。不过到了古典时期，人们才开始对这些机械装置的效应进行精确地分析。首先是医生们在有关手术的著述中指出，有些特定的治疗效果只有通过机械工具的使用才能实现。绞盘、杠杆和楔子就属于这类工具。今天人们也普遍承认，没有这些工具，人们就无法进行需要巨大力量作用的工作。当时的医生们借助希波格拉底长凳[①]，系统地

① 希波格拉底长凳是古希腊时治疗脱臼或骨折时使用的

利用杠杆和绞盘这两种机械构件，来拉伸骨折了的四肢并使它们复位。

在意大利南部的毕达哥拉斯学派[①]中，塔兰托的阿尔库塔斯[②]在约公元前400年时，曾尝试用数学来解释机械构件的特性。虽然阿尔库塔斯的著作没能保存下来，但是在亚里士多德的作品文集中却留存有一部题为《论力学》（*Mechanika*）的书作，它由亚里士多德本人或者他的一名学生所作。此书首先给出了一个力学的理论性导论。从中可以看出，亚里士多德认为人类需要力学是因为，自然作用的发展过程往往与人类期望得到的背道而驰，所以有必要求助于技术的帮助。在这一观点的框架中，甚至显示出了一种掌控自然的思想。文章中

一种牵引器械，以伸展骨骼系统及舒缓受伤位置的压力。它的发明者科斯的希波克拉底（Hippokrates von Kos，前460—前370）是古希腊罗马时期最著名的医师，他使医学与巫术和迷信分离开来，成为专业的学科，被誉为西方“医学之父”，其拟定的医师誓言，时至今日仍为医师们奉行之道德纲领。——译者注

① 毕达哥拉斯学派是毕达哥拉斯（约前580—前500）和其追随者所奉行的一种深受数学影响的接近神秘主义的形而上学的思想学派，柏拉图亦受其影响。——译者注

② 塔兰托的阿尔库塔斯（约前435/410—约前355/350）是毕达哥拉斯学派中的一位哲学家、数学家、音乐理论家和军事将领。——译者注

引用了诗人安提丰[1]的一行诗文，在其中，诗人将技术（techne）与自然（physis）明显地对立了起来：

借助技术（techne）我们驾驭了那些，按其自然原本本强大于我们的事物。这样，力学作为一个技术学科，甚至为人类提供了逆自然而行的手段。

力学的主要任务是去解释如何以很小的力使一个质量较大的物体移动。力学的分析一方面要基于数学，另一方面要基于物理。力学最主要的对象是杠杆，借助它，人们可以移动那些在没有杠杆的帮助下无法移动的重物。

继导论之后，是对杠杆效应的研究，而它则由对圆周运动的研究派生出来，因为亚里士多德把两个杠杆臂理解为不同半径的圆，而圆周运动又是以一个天平的两臂的运动方式来进行说明的。由此，对两个杠杆臂的末端距支点之间的距离与质量和力之间的关系进行比较，就具备了条件。以这种方式，亚里士多德对杠杆定理进行了很清晰的表述：移动的质量（也就是力）与被移动的质量（重物）与各自距支点的距离成反比。此结论的实际应用是：杠杆臂越长，移动重物所需的质

① 安提丰（前5世纪）是古希腊的演说家、作家和诡辩学家。——译者注

量（力）越小。

在接下来的几个章节中，亚里士多德把这一认知运用到各种器械、设备和操作工艺上。在其中，他还阐释了滑轮和楔子的作用，借助牙医用的钳子和坚果钳证明了杠杆的作用，并分析了水井上的起重杠杆的效用。通过这部著作，亚里士多德为力学成为一门科学学科奠定了基础。在1世纪，希罗在其只以阿拉伯语存世的《机械学》(*Mechanik*) 一书中，给出了一个一直适用至近代早期的机械构件分类学。作为简单机械构件，希罗列举了绞盘、杠杆、滑轮、楔子和螺旋。在书中，这些构件的很多实际应用也被详细地加以介绍。例如对于制作葡萄酒和橄榄油属重要机具的压力机的构造，文中就以较长的篇幅进行了描述。

自动装置的设计——气体力学

“自动的（automatos）”这个形容词在最古老的希腊诗歌《伊利亚特》的第十八卷中就已出现。在其中，荷马描述了一只由赫菲斯托斯打造的带轮子的三足鼎，它可以自行移动到诸神的聚会处。据此看来，这个自动装置可以不需要人施加外力而自行运动。在设计一个自动装置时，它运动的方式就已经被预设好并作为信息记录到装置之中了。

在古代文献中最早提及的自动装置是酒神狄厄尼索斯[①]的乳母尼萨的一座立像，在托勒密二世菲拉德尔福斯[②]在亚历山大港举行的游行庆典中，它被放置在一辆车上跟着队伍行进。关于这座塑像，历史学家卡里克赛诺斯[③]有这样的描述:“不过,这座八尺高的尼萨立像……可以以机械的方式、不借助任何人自己站起来，当它将奶汁从一个金色的碗中倒出后，就又会坐下去。”按照这个叙述，这座造像拥有一个隐藏着的机械装置，它可以使造像按照设定的方式运动。鉴于其他关于亚历山大港的自动装置设计的史实证据，卡里克赛诺斯的描述完全具有可信性。正如尼萨塑像这个例子所显示的，亚历山大港的自动装置设计，服务于古希腊国王们的炫耀性

① 狄厄尼索斯是希腊神话中的酒神、欢乐之神、戏剧之神和狂喜之神，他是宙斯之子，也是希腊文化中各种欲望的具象象征。——译者注

② 托勒密二世菲拉德尔福斯（前 308—前 246）是埃及托勒密王朝的第二位法老（前 285—前 246 在位）。——译者注

③ 罗德岛的卡里克赛诺斯（Kallixeinos von Rhodos，前 3 世纪）是古希腊作家和历史学家。——译者注

需求。在庆祝活动和酒会上，统治者们通过展示自动装置来显示他们对技术的掌握，并让观者为之赞叹。

亚历山大的希罗在1世纪时，对希腊化时期的自动装置的构造进行了详细地介绍，在其中他还分析了更早期的希腊机械师们的力学著作。借助它们，我们得以拥有了关于希腊化时期自动装置技术的宝贵资料。自动装置的制作为古希腊罗马时期的技术人员提供了用大气压力或蒸汽动力这样的自然力进行实验，并开发用于力的传导以及运动的传递和转换的机械装置的机会，而在这一过程中并不为达到某一特定目的所掣肘。

当时的许多自动装置都展现出新的、指向未来的机械设置和构造。在那些可以行进的自动装置中，重物的牵引力——也就是重力——被用作驱动力。在这些自动装置中，重物被固定在一根穿过一个滑轮的绳子上，然后缠绕在车轮轴上，并与之固定。当重物下降时，车轮轴就被带动起来；而重物的下降运动还可以得到控制，这是通过把重物放置在细沙材料上来实现的，这些细沙可以从装盛它们的容器底部的一个开口缓缓流出。由于装置的运动方向取决于绳子是如何缠绕在车轮轴上的，那么将自动装置设计得能依次做出各种不同的动作，也就可以实现了。

当时的另一个重要的技术创新是将旋转运动转化为往复运动。在拜占庭的费隆[1]的自动装置剧场[2]中，展示了一个做锤砸运动的木匠人偶，在人偶背面观众看不到的位置，安装有一个机械装置，它带有一枚星形齿轮和一根可以围绕一个轴旋转的小木杆。通过重量牵引，星形齿轮被带动；在木杆的一端挂有一个小重锤，另一端先由星形齿轮压向下方；当星形齿轮继续转动时，木杆就会被松开并通过小重锤回到它的初始位置，直到星形齿轮再次将木杆的一端压下。以这种方式产生的运动被传导至自动装置剧场人物的手臂上，就使观者觉得这个人偶是在做着锤砸的动作。

在那些涉及自动装置的文献中，也已经提及了将热能转换为动能的可能性。希罗在《空气动力学》中描述过这样一个自动装置：一个上部封闭的烧水锅由两根细

① 拜占庭的费隆（前3世纪下半叶—前2世纪上半叶）是古希腊的一位工程师、发明家和作家，可能师从于克特西比乌斯（前285—前222）。他著有一部关于机械学的手册，内容涉及杠杆、投石机、气动、自动装置剧场、要塞建设等，其中一些章节已佚。——译者注

② 自动装置剧场是一些制作成剧院模型样子的机械装置，在其内安装有多组自动装置，它们可以驱动人偶或构件，做出简单或复杂的一系列动作，以呈现戏剧场景。——译者注

管与一个空心球体相连，球体以可旋转的方式固定在细管的末端；在球体上还安装另外两个正好相对并向后弯曲的细管。当水锅中的水被火加热时，蒸汽从锅中升起，通过细管进入空心球体，然后再从弯曲的细管中溢出。这样，球体就会旋转起来。

一个能开启神庙大门的自动装置也按照类似的方式运行。在这个装置中，空气被火加热并输送到一个封闭的储水容器中；由于气压增加，被挤压的水由一个提水装置导入一个开放的容器中。庙宇的门扇与两个各自由重锤固定住的立轴相连。当那个开放的水容器被注入一定多的水时，它就会由于重于门扇的配衡重锤而下降，并且通过这个运动借助绳索转动两根立轴，借此打开庙门。在这个例子中，运动并不是借由蒸气的力量，而是借由加热后空气的膨胀所产生的。这些实例表明，亚历山大港的机械师们已经能够在自动装置的设计中，开发新的技术。那种认为这些技术并没有应用于生产，所以只能被视作技术上无用的噱头的说法可以予以忽视。因为，它一方面没有考虑到，像克特西比乌斯[①]的水泵这

---

① 克特西比乌斯（约前285—约前222）是古希腊著名的机械学家、发明家和数学家。他在托勒密一世和二世执政时效力于亚历山大港的图书馆。其发明创造包括水钟、水风琴、压力泵、

样的个别设备，直到近代早期仍被用作灭火时的喷水装置，它无疑超越了王室的炫耀目的，而是具有实际用处的；另一方面，古希腊罗马时期的机械师们的技术理念非常超前，并在之后的很多重要领域得到应用，如重力牵引之于机械时钟的设计，以及旋转运动至往复运动的转化之于中世纪的凸轮轴，后者在欧洲的工商业发展上起到了决定性的推动作用。

古希腊罗马时期的计时法

古希腊罗马社会的计时与近代的情况有着根本的不同，因为那时的小时的长度在一年之中不是恒定的，而是随着白天的长短而变化的。白天总是由 12 个小时构成，所以这些小时在夏季就要比在冬季长。这个情况为各种计时方法带来了很大的困难。此外，当时的计时法还追求不同的目的：一种情况下，人们要确定一天中的时间；另一种情况下，则要为特定的事务，确定精确的时间长度。

钟表的设计在当时是建筑师们的工作，所以维特鲁威在他关于建筑学的系统概述中也涉及计时法，他介绍

扭力弩炮等。——译者注

了钟表的不同类型，还列举了许多从事钟表设计的天文学家、数学家和机械师的名字。普林尼在《自然史》中，也提供了一个关于计时法起源的简要概述。

在雅典，直到古典时期，人们都是利用日影的长度来大致地确定时间的；而共和制早期的罗马人，则首先借助古罗马广场上的建筑物来确定出的太阳高度，再以它为准绳测定出正午的时间。日晷的出现，才为准确地确定一天中的时间提供了可能。日晷（horologium）由一根指针（gnomon）和一个刻度系统组成，利用这个系统可以读取指针阴影的方向和长度。使用时必须精确地对应当地的纬度对日晷进行设定。因此，一个日晷只适用于唯一的一个地点。在第一次布匿战争中，[①]罗马人从卡塔尼亚[②]将一块日晷带到罗马并竖立在城中，它在后来之所以被证明走得不准就是由于上述原因，这块日晷在99年后被监察官们替换掉了。对于可以携带的日晷来说，它要借助一个写着许多地名的活动刻度盘，在相应的地点重新设置。不过日晷的决定性缺点还是它们既不能在

---

① 布匿战争是指古罗马与迦太基（罗马人称迦太基为布匿）之间的三次战争（时间总跨度是前264—前146年），战争以罗马人最终取胜告终。第一次布匿战争发生于公元前264年至公元前241年间。——译者注

② 卡塔尼亚位于意大利西西里岛。——译者注

晚上也不能在冬季半年中的阴天时，作为计时工具使用。

在古埃及，自第十八王朝（前1540—前1292）始，人们使用大型储水容器为夜间计时。水经容器底部的一个小孔流出的同时，容器内部的刻度显示水位及相应的时间。人们也可以在水中放入一根带有刻度的细杆，用它来测量水位。而在雅典，人们用一种类似的计时设备——水钟(Klepsydra)——来确定和掌握诉讼过程中，给予控方和辩方发言的时间长度。在这个过程中，一定的水量对应允许的发言时间。为了使水钟的工作原理也能应用于小时的计数，人们设计出来一个结构复杂的机械装置，它可以将变化的水位显示在一个列有小时数的表格上：为此，水被引入一个大的容器或水盆中；水位的上升由一个连有指针杆的浮标显示在一块记有小时信息的布告牌上。在这种计时钟的设计中，必须要解决两个问题：其一，布告牌上的小时信息必须能在不同月份中进行调节；其二，进水的稳定均匀必须得到保证。这两者都得到了实现。为解决第一个问题，小时的数据被书写在一个圆柱体上，它可以旋转，使浮标的指针能指向各个月份的小时处。而进水则借助在进水口装设一个圆锥形的容器并在其中装入一个浮动的锥体加以调节：当有过多的水流入时钟时，浮动的锥体会上升并堵住进水口；当进水不足水位下降时，锥体又会下降，以使更多的水可以补充流入。由此可见，自动控制技术已经在这个计时器中得到了应用。古希腊罗马晚期的时钟还配备了内容丰富的人物情景编排。这里可以举雄辩家普罗科普[1]在6世纪时描写的一个加沙的时钟为例，它在每个整点，都有活动的小人以机械的方式演绎大力士海格力斯的一个奇迹故事[2]。

精密仪器

钟表的设计并不是古希腊罗马时期制造综合性机械装置和复杂仪器的唯一例子。在古罗马帝国中，人们为各类用途制造出了各式的精密仪器，它们显示出当时的冶金技术在材料加工上已达到了很高的水准，而机械学的知识也被运用到仪器的生产中。

---

① 加沙的普罗科普（Prokopios von Gaza，约465—528）是古希腊罗马晚期的雄辩家和修辞学家。——译者注

② 大力士海格力斯是希腊神话中著名的半神英雄，武艺和技能过人。为了赎自己因受赫拉诅咒而杀死自己孩子的罪过，他完成了12项奇迹。这12项奇迹被不同的作者描绘出来，在古希腊罗马广为传颂。——译者注

用两个例子就足以说明这个情况：螺栓的发明不仅使葡萄和橄榄压榨机的结构得到了改进，还在医疗器械领域中得到了应用，它被运用到能让医生从一个开口处观察体腔内情况的窥镜上，通过旋转螺旋杆，仪器的臂柄可以进行拉伸。窥镜出现的时间很容易确定，因为在庞贝城有若干件这种器械的出土。据此，它们在公元79年以前就已经为医生们所用了。从这个医疗器械的实例中，不难看出像螺栓这样的发明，是何等迅速地被进行了适用性的改良，并应用到各个技术领域中的。

杠杆原理的知识被运用到杆秤中，这种秤不再像经典的天平那样具有长度相同的两臂，而是一臂长、一臂短。在短臂的一端可以悬挂被测物品，在设有刻度的长臂上，带有一个可以移动的砝码配重。当秤的两端处于平衡状态时，就可以从刻度上读取物品的重量。用杆秤称量货物要比用天平来得方便快捷得多。青铜制成的杆秤有大量存世，它们也见于表现店铺中的工匠的古罗马浮雕作品中。维特鲁威对杆秤的提及和其他证据表明，在公元前1世纪晚期，它已经在罗马为人们所知，并迅速成为店铺中最常用的秤的类型。

最后，在这里还应提到天文仪器。西塞罗曾经描述了一个由阿基米德设计的浑天仪(sphaera)，在转动它时，可以看到太阳、月亮和行星的运动轨迹。在此还必须提到安迪基西拉的自动装置[1]，它被发现于该岛附近海底的一艘沉船内。它是一个异常复杂的机械装置，由多个齿轮组成，其功能应该是精确地记录并再现天体的运动。

---

① 安迪基西拉岛位于希腊南部。1900 年，人们在此岛附近的沉船中发现了这个安迪基西拉机械装置。它约造于公元前 150 年至公元前 100 年之间，有 82 个部件留存下来，其中最大的一个为 18×15 厘米，大部分部件由青铜制成。由于装置已残缺，目前还无法确切地知道它的用途。——译者注

第十三章

军事技术

自古希腊罗马时期之始，战争和作战方法就与技术的前提紧密地联系在一起。早在荷马的《伊利亚特》中，就有针对英雄人物对工匠制品的依赖性作出的令人印象深刻的描述：当阿喀琉斯由于帕特罗克洛斯之死，而失去了他之前借给这位朋友用来作战的武器和盔甲时，他甚至无法继续参与战斗了。在这个情形下，他的母亲忒提斯[1]答应设法帮他弄到新的武器，于是奔走至铁匠之

---

① 阿喀琉斯是希腊神话和文学作品中的一位英雄人物，为色萨利国王佩琉斯与海洋女神忒提斯所生，是经典的半神半人。他参与了特洛伊战争，以勇气、俊美和体魄著称，有“希腊的第一勇士”之称。不过两个脚踵是他的弱点，因为其母亲在其出生后，捉住其脚踵放入神水（冥河或天火）中以吸收神力，两个脚踵却

神赫菲斯托斯处，请其为阿喀琉斯打造武器和盔甲。由此可见，劳作和技术上的能力对荷马来说，是这个英雄的英勇事迹所必需的前提。

古风时期的战争与技术之间的联系主要体现在，在前沿方阵作战的全副武装的重装步兵的武器和盔甲都是由铁匠打造的。希腊士兵的军事装备的基本功能是，通过胸甲、腿甲和头盔，以最有效的方式保护重装步兵的身体，特别是头部免受伤害。这些盔甲主要由冷作敲打成形的青铜片材制成。考古发掘出的盔甲装备，尤其是头盔证明了古希腊锻造匠人的高超能力。通过对金属的精心加工，他们使通常很薄的青铜部件起到很高的防护作用。

公元前 4 世纪，由于攻城技术的进步和新武器的发明，军事技术的重要性得到显著提高。就此而言，根本的推动力源自迦太基人。公元前 409 年，迦太基人介入西西里岛西部的希腊内部冲突，他们在围攻塞利农特[①]

因此未吸收到神力。在某些文学作品中，阿喀琉斯即死于特洛伊王子帕里斯射中他脚踵的箭伤。——译者注

① 塞利农特位于西西里岛的西端，曾是该岛上最重要城邦之一，如今仅剩考古遗迹。该城由希腊人于公元前 628 年建立，公元前 4 世纪开始陷入迦太基人的掌控，公元前 250 年在第一次布匿战争中被罗马人所毁。——译者注

时动用了6座高大的攻城塔和相同数量的攻城槌。迦太基人的这种攻城技术被证明是极为有效的，他们运用攻城槌使城墙倒塌，并从攻城高塔中给守军以重创。用这种方式，在很短的围困之后，他们就先后攻占了塞利农特和希梅拉[①]。

西西里岛上的希腊人接收了迦太基人在攻城技术（poliorcetica）上的创新。不久后的公元前397年，叙拉古[②]的僭主狄奥尼修斯[③]，在围困迦太基人在西西里岛以西的一座小岛上兴建的摩提耶堡垒时，首先命人在西西里岛和小岛之间建起一条堤道，之后将一些6层高的可行进的攻城塔顺堤道引近敌城，这样就既能从上方轰击堡垒的城墙，又能在攻城云梯的帮助下越墙而入。

---

① 希梅拉是位于西西里岛北岸的一座古代城市，约建于公元前648年，公元前409年被迦太基所毁。——译者注

② 叙拉古（或译锡拉库扎）是西西里岛南部的古城，公元前734年由希腊人建立，公元前5世纪时，其政治、文化一度与雅典齐名，公元前212年被罗马人征服。叙拉古还是阿基米德的故乡。——译者注

③ 狄奥尼修斯一世（Dionzsios I. von Syrakus，约前430—前367）是古希腊叙拉古的一位著名僭主，公元前405年至公元前367年在位，古时的历史学家多将其描写成一位暴君。狄奥尼修斯统治期间屡次与迦太基人作战，拓展了叙拉古的版图，使叙拉古成为当时希腊世界最为重要的城市。——译者注

像建造堤道这样的建筑工程，则是由建筑师们主持完成的。自这时起，技术人员在作战中，尤其在攻城战中开始占据了重要的席位。在这方面具有突出意义的是，在摩提耶堡垒前，狄奥尼修斯首先与他的建筑师们一起对那里的地形进行了勘察。

狄奥尼修斯在大规模备战迦太基人的过程中，从意大利、希腊以及迦太基本土召集手艺工匠来到叙拉古。在这次军备中产生了一个对军事史而言意义重大的成果，那就是投石机[①]这种新式武器的研发，它在投射物的射程和穿透力上明显优于弓箭。借助机械装置，投石机的弦可以张得比弓箭的更紧。而放置在基座上的扭力弹射机，其张力是由两组竖直安置的弦束产生的。在这两侧的弦束中各水平地插有一根木棍；被固定在这两根木棍末端的弹射弦，借助一个绞盘进行张拉。据说，斯

① 投石机（Katapult）起先专指抛掷石块的攻城机械，后来也用来泛指进行远程投射的各类攻城机械。这些投射机械在古希腊罗马时期，按其投射方式可分抛掷型和弹射型；按其驱动力类型可分为牵拉力型、弹簧型和扭力型；而其按投射物又可分投射石块型和弹射箭矢型。这各种类型又可相互组合，于是就产生出很多种类的投射机械，如下文中出现的扭力弓箭弹射机（Ballista）、扭力抛石车（Onager）等。——译者注

巴达国王阿希达穆斯三世[①]在别人给他展示了这样的一台扭力弹射机后，大声宣告说：自此勇猛无用了。扭力弹射机的原理，早在公元前4世纪，就已经被运用到制作能将大石块投掷得更远的投石机中了。

攻城机械在希腊化时期得到不断地改良。亚历山大港的建筑师们设计出了可以拆卸的攻城塔，这样它们就可以由部队在行军中携带。如此一来，围攻一个城市的开始时间就无须再因要先建造攻城机械而有所延迟。拜占庭的黑格托尔[②]设计了一种攻城冲车，它被安装在一个有8只轮子的支架中，并且有护板保护；冲车的槌梁安有铁质的槌尖；槌梁全长超过30米。当攻城冲车被移动到城墙边后，士兵们就将长槌梁向后拉，然后让它以最大的冲击力撞击墙体；在攻城冲车反复地冲击下，最坚固的墙体也会崩塌。攻城云梯（Sambyke）的设计，在古希腊罗马时期的文献中也被归功于希腊化时期的技术人员。这是一种带有保护壁板并被置于轮子上的梯子，其倾斜角度可以调节，以使其顶端可以达到城墙的顶部。

---

① 阿希达穆斯三世（约前400—前338）是斯巴达国王，公元前360年至公元前338年间在位。——译者注

② 维特鲁威在《建筑十书》中对拜占庭的黑格托尔设计的攻城机械做了介绍。——译者注

按波利比奥斯[1]所述，罗马人在进攻叙拉古时使用了云梯。他们为从城市靠海的一边攀上城墙，在每两条紧紧固定在一起的战船上各架起了一架云梯。

投石机和围城术使军事技术和作战方式发生了彻底的变化。公元前5世纪之前，围困一座敌城通常要进行至其供给消耗殆尽，开城投降为止。而从公元前4世纪开始，军队则可以用石块轰击或者用攻城槌撼动敌军的城墙，直到它们塌毁；借助攻城塔等攻城器械以猛攻的方式夺取城池，就成为可能。

与此同时，随着这些军事技术的发展，为防止城市遭受攻击，修建更加坚固的防御工事的做法也迅速发展起来。这些变化在公元前4世纪时被人们清晰地感受到。亚里士多德在《政治学》一书中，将投石机和攻城机械的发明，作为借助坚固的城墙来确保城市安全的必要性的依据；德摩斯梯尼[2]则在他斥责马其顿国王腓力二世

---

① 波利比奥斯（前200—前118）是古希腊的政治家和历史学家，著有《历史》一书，其中记述了地中海地区的历史，特别是罗马帝国的崛起。他因在罗马城16年的生活经历，对罗马的政治制度极为推崇。——译者注

② 德摩斯梯尼（前384—前322）是古希腊著名的演说家和政治家。他极力反对马其顿王国在希腊的军事扩张，并为此发表了《斥腓力》等演说。——译者注

的第三次演说中，强调了战争形式，特别是攻城机械的改变。

亚历山大对波斯帝王[①]取得的胜利，主要是基于他的军队在技术上的优势。在其技术人员设计建造的攻城器械的帮助下，亚历山大成功且迅速地夺取了小亚细亚和腓尼基海岸线上具有重要战略意义的城市，其中包括坐落在岛屿之上，至此一直被认为是牢不可破的泰尔[②]。建筑师们在泰尔和大陆之间建起一条堤道，从而能够将投石车和攻城塔有效地投入到战斗中。

就希腊化时期而言，可以列举出一系列轰动一时的攻城战，由围城者德米特里主导的公元前305年的罗德岛攻城战就声名远扬。在这里，战争几乎完全变成了双方工程技术人员之间的较量。厄庇马修斯[③]主持修造了一座高39米、基座边长21米的可移动的攻城塔；在它的9个塔层中都架设有弹射器和投石车。800名士兵在这个得名“破城者”（Helepolis）的巨塔中行动，不过其庞大的身型也使其灵活性受损。领导防守罗德岛的工

① 此处指大流士三世。——译者注

② 泰尔是古代腓尼基的重镇，位于今黎巴嫩南部的地中海沿岸。——译者注

③ 厄庇马修斯是一位来自雅典的建筑师，在此役中效力于德米特里。——译者注

程师迪奥格内图斯，趁夜用长渠将水和杂物引入这座攻城塔预计会推进的位置的地面上。后来，巨塔果然陷于淤泥之中，没能接近城墙。

城市的防守者们也同样使用投石机和各种器械，以迫使进攻者不能靠近城墙而撤退。在叙拉古守城之役中，阿基米德不仅为国王希伦二世[①]制作了可以抛掷巨石的投石车，还设计了一些全新的军用器械。公元前212年，罗马人在与汉尼拔[②]的战争期间围困此城，巨大的石块被投掷到靠海一侧的罗马人的战舰上以及陆地一侧的罗马步兵的身体上，致使他们无法靠近城墙。而且，由守城者们在城墙上架起的吊车用钩子将罗马战船吊起，把它们拽至高空，再让它们掉入水中。在阿基米德组织的防御行动面前，罗马人没能用军事手段夺取这座城池，但最终借助叛徒的出卖取得了此城。

---

① 希伦二世（Hieron II. von Syrakus，前307—前215）是叙拉古国王，公元前269~前215年间在位。他与阿基米德保持良好的关系，并资助后者的研究工作。——译者注

② 汉尼拔（Hannibal Barkas，前247—前183）是迦太基的著名军事家。在第二次布匿战争期间，他指挥了多次著名的战役，如特雷比亚河战役（公元前218年）、特拉西梅诺湖战役（公元前217年）和坎尼战役（公元前216年）等，但最终于公元前202年的扎马战役中败于罗马将领大西庇阿，自此迦太基一蹶不振。——译者注

罗马人在共和国时期，吸收了希腊古风时期的王国和城邦的军事成就，然后在技术上将其进一步地改进。从罗马共和制末期开始，罗马军团就装备扭力弓箭弹射机（Tormenta）和扭力石块弹射机（Ballistae）[①]，在诸如恺撒在高卢的征战等军事行动中，这些器械的使用有据可查。军团中的扭力弓箭弹射机和投石车都有专人负责，建筑师维特鲁威就是恺撒和奥古斯都统治时期的这类专家，他还在《建筑十书》的第十书中介绍了扭力弓箭弹射机、投石车和攻城槌的构造。

古希腊罗马晚期的史学家阿米亚努斯·马尔凯里努斯[②]在他对皇帝尤利安[③]于363年领导的对抗波斯人的战

① 在罗马人将扭力投射机械从希腊人那里吸收来的前几个世纪里（希腊人从公元前400年左右，开始使用扭力投射器，将之称为Palintona），Ballista这一名称用来称呼扭力石块弹射机，在古罗马晚期，则用来称呼扭力弓箭弹射机，如下文中的阿米亚努斯·马尔凯里努斯所描述的。——译者注

② 阿米亚努斯·马尔凯里努斯（约330—395）是古罗马帝国晚期最知名的历史学家。他以编年体的方式，详细记录了从350年至378年间的罗马帝国史。——译者注

③ 弗拉维乌斯·克劳狄·尤利安（Flavius Claudius Iulianus，331/332—363）是罗马皇帝，360年至363年间在位。史学上常称其为“叛教者”，因为他后来放弃了基督信仰，反对将基督教视为国教。363年尤利安远征波斯，未能克敌并在同年战死。——译者注

争的描述中，也给出了一段关于罗马军队所使用的攻城机械和投石机的概述。他提到了在此处被称为 Ballista 的扭力弓箭弹射机、在古希腊罗马晚期以逃跑时会蹬踢石块的野驴来称呼的野驴扭力抛石机（Onager），和由一根钉着铁皮的长树干制成的攻城槌。

在元首制时期，如图拉真记功柱上的一些浮雕所示，扭力弓箭弹射机被安装在由两匹马或骡子拉着的单轴车上。按照有一部古罗马军事专著的古希腊罗马晚期作家维盖提乌斯[①]的说法，每个罗马军团的百人队都配备有一部这样的车载扭力弓箭弹射机（Carroballista），它由一个由 11 名士兵组成的同帐小分队操控。维盖提乌斯还明确地提到了罗马人在战斗中对此种弓箭弹射器的使用。

这些远程武器取得了很好的效果，因为它们可以被安设在超出敌人的抛射物射程范围之外的安全距离上，而从远距离以石块和箭矢命中敌人。而且罗马军团还可以在他们在敌方的势力范围内渡河或架桥时，使用投石机来进行掩护。在公元 69 年的内战中，维特里乌斯[②]和

---

① 普布利乌斯·弗拉维乌斯·维盖提乌斯·雷纳图斯（Publius Flavius Vegetius Renatus，4 世纪后期）是古罗马晚期的军事史学家，著有关于古罗马军事体制的《论军事》一书。——译者注

② 奥鲁斯·维特里乌斯（Aulus Vitellius，12/15—69）是古罗马“四帝之年”（在公元 69 年这一年中，出现了四位皇帝）

维斯帕先在意大利北部的贝德里亚孔[①]附近展开了战斗。维特里乌斯的部队向敌军的战线上投掷巨型石块，对其造成了极大的损失，使其最终丧失了战斗力。而在公元70年的耶路撒冷围城战时，罗马人使用了大量的攻城机械和投石机，借助它们的帮助攻占了这座精心设防的城市。

古罗马军事技术的发展远不只局限于围城术和投石机。自共和制以来，罗马人始终让士兵们的武器和装备适应新需求，还通过吸收一些外族武器对它们进行改良。罗马人在军事技术上所占的优势在与凯尔特部落对阵时，更是起到了决定性的作用。波里比奥斯认为，罗马人于公元前225年在特拉蒙[②]战胜凯尔特人，主要应归因于其更加先进的武器装备。罗马人吸收来的西班牙剑[③]，在第二次马其顿战争中给敌兵造成了毁灭性的重创。

中的一位皇帝。在位不到一年（公元69年），即为支持后来的皇帝维斯帕先的部队所杀。——译者注

① 贝德里亚孔位于意大利北部的波河平原上。——译者注

② 特拉蒙今称塔拉蒙（Talamone），位于意大利托斯卡纳大省。——译者注

③ 西班牙剑就是后来罗马军团最常使用的Gladius剑，因为它是从西班牙北部的凯尔特伊比利亚人那里继承来的，所以也称西班牙剑。它是一种较短而宽的剑，长约55厘米，宽约8厘米，用于刺多于用于砍。——译者注

在针对古罗马军事技术进行的论述的最后，还需简要地指出两点：元首制时期的罗马军队已拥有了大量技术人员，他们在有需要时也能在民用范围内展开协作。例如测绘师农尼乌斯·达图斯，就为萨尔代城兴建引水道所需的隧道进行了工程策划和监督；当时的道路和桥梁也经常是在士兵们的参与下建成的。正如从图拉真记功柱上可以看出的，就当时人们对战争的感受来说，对技术的兴趣恰恰起到了相当大的作用：这些浮雕不仅对军事行动加以再现，还借着阿波罗多罗斯的多瑙河大桥[①]，对工程技术上的杰出成就进行了描绘。小普林尼也持有这种对技术的兴趣，这可以从一封他写给想为达基亚战争[②]（101—106）撰写史诗的一位诗人的书信中看出："你须描述新的河流是如何被引流地上、新的桥梁是如何飞架江河之上、陡峭的山壁是如何被加以城堡作它们的冠冕，他们的国王又是如何还没来得及气馁，就被逐出了城堡，赶入了死境。此外，还有那两次的胜利凯旋。"

---

① 阿波罗多罗斯的多瑙河大桥（或称图拉真大桥）是一座建于103年至105年间的连拱桥，位于今罗马尼亚和塞尔维亚境内，桥长1135米，宽12米，高19米。阿波罗多罗斯是图拉真的御用建筑师。——译者注

② 达基亚战争（或译达西亚战争）是图拉真征服达基亚王国的战争。达基亚位于今罗马尼亚的中西部。——译者注

第十四章

古希腊罗马时期的技术知识——工艺学专业书籍

在史书、诗歌、哲学以及古希腊罗马的专业书籍中，都反复地提到技术、技术问题、人类制造物、工程建筑和单个的技术工程师。古希腊罗马社会对于技术和发明的兴趣，通过这种方式得到了很好的记录和证明。这种对技术所持的压倒性的正面看法，为古希腊罗马时期创造出了一种非常有利于技术发展的理智思考的氛围。

就此而言，公元前4世纪时技术类专业书籍的形成，有着特别的意义。这些书籍的数目庞大，这可以通过人们列举出的大量没有作品留存至今的作家的名字来印证。技术人员在他们的著作中阐述当时的技术知识，以这种方式为技术人员之间的沟通、技术的交流和进一步的技术进步创造了条件。

古风时期的技术文献几乎完全遗失了，不过，之后的一些文献中对这一时期中个别作者和著作的提及，为我们提供了认识古风时期作家的可能。这里尤其要提到居住在亚历山大港的克特西比乌斯和拜占庭的费隆。克特西比乌斯在公元前3世纪早期，撰写了一些著作来介绍各种在技术上利用空气压力原理的仪器和装置；此外，他还描述了由他本人设计的水钟。克特西比乌斯所设计的装置中的一部分具有实际用途，如后来以稍加修改的形式用于灭火的加压泵；另一部分则是供人娱乐的自动装置。在公元前1世纪晚期对克特西比乌斯的著作有所了解的维特鲁威，明确地将克氏评价为发明家并将其与阿基米德相提并论。在克特西比乌斯之后，以技术工程师的身份工作的拜占庭的费隆，撰写了一部涉及机械学各个领域的综合性书作。

对于古罗马时期来说，要提到几位有作品存世的作者：

在奥古斯都大帝时期，维特鲁威关于建筑的著作成书。曾在恺撒和奥古斯都的军团中专司设计和维护投石机和弓箭弹射器的维特鲁威，在书中对港口设施、水道建设和钟表的构造有较多着墨。在《建筑十书》的第十书中，他还对一些机具和设备进行了描写，譬如对建筑师们有着非凡意义的、用于建筑工地的吊车；在这之后是介绍水磨、汲水设施、克特西比乌斯的压力泵和投石机以及攻城器械的章节。对于人们认识更为古老的文献，维特鲁威提供的一份名录很有价值。在这份名录中他列出了在他之前撰写过有关机械装置（de machinationibus）的作品的作者。虽然维特鲁威对每卷书所作的序言都与下文中的实际话题无关，但它们却很好地揭示了古罗马时代工程师们的思想和心态。譬如，维特鲁威批评了有成就的运动员在社会上的声望，抑或他表达了以高雅的行文来写作专业书籍的难度。从这些文字中还可以看出，维特鲁威对以前的工程技术人员和学者的生平故事所表现出的兴趣。譬如他记述了克特西比乌斯如何首次发现了空气是有形体，以及阿基米德是如何利用比重原理，证明一个欺诈人的金匠有罪的故事。

在1世纪中叶，活动于亚历山大港的希罗撰写了多部书作，其中包括那部只有阿拉伯语存世的机械学论述、一部关于自动装置设计的著作、一部关于空气动力学的论著和一部关于制造投石机和扭力弹射机的作品。从拜占庭的费隆那里，希罗吸收了关于自动装置剧场的描述。

而亚历山大的帕普斯[①]在其于4世纪之始撰写的那部数学百科全书《数学汇编》(*Synagoge* 或 *Collectio*) 中，也考虑到了机械学问题，他把设计起重设备、投石机、汲水机、自动装置和天球仪列为机械师的任务范围。

罗马元老院元老赛克斯图斯·尤利乌斯·弗龙蒂努斯的著作《关于罗马城的供水》(*De aquis urbis Romae*) 提供了一个关于罗马城供水系统的概览。弗龙蒂努斯曾在涅尔瓦[②]治下，担任Cura aquarum这一罗马供水监督的职务。在此书中，弗龙蒂努斯不仅论及了技术问题，还探讨了罗马供水的历史发展、管理和那些涵盖所有用水细则的政策法规。

此处还须提到一位不知名的作者的一部著作。这位古希腊罗马晚期的作者，针对政府管理和军事学，提出了许多能使帝国有效地抵御外敌的创新建议。在这位作者的建议中，还包括建造一艘靠安置在船体两侧的大型

---

① 帕普斯 (约290—约350) 是古罗马帝国晚期的著名希腊数学家和天文学家，活动于亚历山大港，其主要著作《数学汇编》成书于约公元340年，记录了古希腊的许多重要数学成果。——译者注

② 马尔库斯·寇克乌斯·涅尔瓦 (Marcus Cocceius Nerva，30—98) 是古罗马皇帝，五贤帝中的第一位，96年至98年间在位。——译者注

叶轮驱动的战船的主意。他还计划让牛在船体里驱动叶轮，这样，动物的肌力就被用作了驱动力。不过，此篇文章只是泛泛而谈，并不具体，特别是就如何将牛的运动传送到叶轮上的问题，并没有做出说明。由此看来，这无疑是个值得注意的奇思妙想，但还不是一个技术成熟的发明。

虽然老普林尼于公元 79 年之前写成的《自然史》，并不属于真正意义上的技术类专业书籍，但在这里依然有必要提到这部，关于自然以及人类对自然在技术上的利用的百科全书式的作品。因为普林尼在书中列举了大量的仪器和工艺流程，由此提供了关于古希腊罗马技术的很有价值的信息，像对于农业、玻璃制造、采矿和冶金这些领域皆有涉及。在希腊罗马晚期，普罗科普（约 500—555）撰写了一部关于查士丁尼一世的建设活动的专著，书中有大量对水利工程，特别是对防洪设施、水道和道路建设的技术细节描写。

自亚里士多德至希罗这段时间内成书的技术类专业书籍，有一个共同的特征，那就是机械仪器的效用都被以数学的方式推导出来，并且追溯到一般法则上。杠杆被以天平的特性和圆周运动的规律来解释。以类似的方式，在关于空气动力学的著作中，人们首先对空气是一种物质并具有一定的特性进行了证明。

古希腊罗马时期的机械学著作在欧洲自文艺复兴以来，得到了广泛的接受，并对于近代力学的形成以及近代早期的技术发展，起到了重要的推动作用。

第十五章

远眺——古希腊罗马技术史的阶段划分

从一篇关于古希腊罗马技术发展的概述可以看出，在古希腊和古罗马的历史中存在一些阶段，其中各技术领域都取得了长足的进步。希腊的古风时期属于第一个这样的阶段。在公元前 7 世纪晚期和公元前 6 世纪，一种全面的技术变革逐渐显现：以埃及和近东文明为典范，希腊人开始使用石材建造神庙，用石头和大理石创作真人体量的雕塑，在冶金业中发展出空心铸件工艺，在陶器生产中开发出制作高质量、远销希腊以外的陶器产品的工艺流程。除了依靠水手划桨前进的船只外，希腊人从这时起，在商业航行中使用帆船。也是从这时起，他们开始拓展基础设施建设，城市的供水通过兴建水道和水井遮棚得到了显著的改善。尤帕里诺斯在萨摩斯岛上建造的隧道，证明了当时建筑师们的非凡技术才能。此外，还应提到那些基于构筑防波堤而建成的港口设施。在这一时期的史学文献中，还首次提及了那些以创造性的方式解决技术难题，并为自己的成就感到自豪的建筑师们的名字。

希腊化时期可以被看作技术进步的第二个阶段。就这一阶段而言，除了对作战方略起到深远影响的新型武器的设计制造，还要提到人们在城市规划和建筑工程上取得的进展。希腊化时期的建筑师们不再受各种条件的制约，为建设像亚历山大港或帕加马这样的城市，他们不惜改造大地的自然面貌。在亚历山大港，人们将法罗斯岛与陆地联通，并建造起一座为水手指引方向的灯塔；在帕加马的卫城上，为兴建国王们的炫耀性建筑，人们将这里的地形改变为大型的露台。而通往帕加马城的高压管道的建设，也同样属于希腊化时期官邸建筑的设计布置范畴。

由力学诞生了一门新兴学科，其任务是从数学上去领会和解释诸如杠杆、滑轮、楔子这些工具的作用。螺旋的发明为压力机的大幅度改良创造了条件。技术在这时成为专业书籍的主题。同时，随着建筑师和机械师们从事的工作，逐渐形成了技术的专业化并且产生了技术精英。

在古罗马的共和制后期和元首制早期，拱券结构、古罗马混凝土和窗玻璃的应用，为建筑艺术带来了彻底的改变。在这一时期，罗马人果断地推进了基础设施建设：道路的建设使帝国的内部空间得以拓展；在意大利本土和各行省内大量兴建引水道的做法，使各地的供水问题得到了根本性的改善。人们这时开始应用水力，这可以被看作一个有着非凡历史意义的技术革新。水磨的产生和流行，在能源利用史上是一个重大的进步。在采矿业中，罗马人开始使用高效的汲水设备，并由此能够在地层深处开采金属矿藏。随着在制作红精陶器时使用碗形模具，不仅使陶工的工作方式发生了变化，也使一种批量生产的形式成了可能。从公元前1世纪开始，由于玻璃吹制法的发明和无色透明玻璃的制造，玻璃开始作为一种生产材料广泛流行。在陆路运输方面，在西部各省份的街道上，人们越来越多地使用马匹作为拉车的牲畜。在造船和航运业中，也同样出现了许多创新。

古希腊罗马的晚期，绝不能被视为一个没落和衰败的时期。仅仅从建筑艺术上——人们可以想一想罗马、拉文纳[1]和君士坦丁堡的那些教堂建筑——就足以证明

① 拉文纳位于今意大利东北部，属艾米利亚－罗马涅大区。——译者注

古希腊罗马晚期的建筑师们，面对建造教堂的过程中所出现的技术挑战，以把握十足的方式加以解决的能力。这一点尤其适用于像君士坦丁堡的圣索非亚教堂这样的建筑，它的穹顶与万神庙不同，被建造在有着巨大支柱的中殿和翼部的十字交叉部位之上。然而，在日耳曼部落对罗马帝国的进攻和入侵之下，古希腊罗马文明的基础在很大程度上遭到了破坏。在古罗马各行省、后来也在意大利本土上形成的日耳曼王国中，文明、经济以及与之相随的技术发展的连续性中断了。

古希腊罗马时期的地中海世界，绝不是像有时被人们认为的那样停滞不前，它已经在技术上取得了可观的进步。这些创新产生的原因涉及方方面面的因素，而这些因素在古希腊罗马时期的各个阶段又产生了不同的效果，这些效果就包括了城市的产生和发展；上层阶级对生活方式精致化和通过炫耀性奢侈品的消费来换取社会声望的追求；城市间和统治者之间，为争夺权力和威望而展开的持续不断的争斗；以及为城市中心不断增长的人口提供食品、消费品和水的必要性。以上种种，触发了这一时期政治、社会和经济上的活力，而这种活力又对技术的发展产生了卓有成效的反作用。

年表

约公元前 710 年	赫西俄德关于农业的训谕诗《工作与时日》(*Erga*)成诗。
公元前 6 世纪	在希腊建造出多立克式的宏伟神庙。
公元前 6 世纪中叶	在萨摩斯岛兴建尤帕里诺斯隧道。
公元前 6 世纪晚期	研发出空心铸造法。
约公元前 400 年	在锡拉库扎研发出投石机。
公元前 384—前 322 年	亚里士多德:《论力学问题》(*Problemata Mechanika*)成书
公元前 305 年	罗德岛攻城战。 林多斯的卡雷斯建造罗德岛巨像。
约公元前 287—前 212 年	阿基米德:建构阿基米德螺旋。
公元前 3 世纪	亚历山大港的机械师克特西比乌斯和拜占庭的费隆:有关空气动力学的著作完成。
公元前 2 世纪	兴建至帕加马卫城的高压管道。

公元前 1 世纪	发明玻璃吹制法。制造无色玻璃。
公元前 36 年	瓦罗:《论农业》(*De re rustica*)成书。
约公元前 30 年	维特鲁威:《建筑十书》(*De architectura*)成书。对水磨的介绍。
公元前 27—前 14 年	奥古斯都大帝的元首制。
31—54 年	克劳狄统治时期。为罗马修建两条水道(克劳狄亚水道 Aqua Claudia 和新阿尼奥水道 Anio Novus)。 波尔都斯的第一座港口。
54—68 年	尼禄统治时期。修订一条通过科林斯地峡的运河的计划方案。
约 70 年	科鲁迈拉:《论农业》(*De re rustica*)成书。
79 年之前	老普林尼:《自然史》(*Naturalis Historia*)成书。对许多技术创新的描述,如高卢的割草机或螺旋压力机。
1 世纪	亚历山大的希罗:机械学,空气动力学。提及螺旋和螺旋压力机。
97 年	罗马供水监督 Curator aquarum 赛克斯图斯·尤利乌斯·弗龙蒂努斯撰写《论罗马城的供水》(*De aquis urbis Romae*)
98—117 年	图拉真:建造阿尔坎塔拉桥和多瑙河大桥。修造波尔都斯港。建造阿雷拉特(阿尔勒)附近的巴贝加尔大型磨坊。
117—138 年	哈德良:建造万神庙。
537 年	君士坦丁堡的圣索非亚教堂落成。
527 年之后	达拉的拱坝。

参考文献

Adam, J.-P., La construction romaine. Materiaux et techniques, Paris 1984.

Amouretti, M.-C., Le pain et l'huile dans la Grèce antique, Paris 1986.

Blanck, H., Das Buch in der Antike, München 1992.

Blümner, H., Technologie und Terminologie der Gewerbe und Künste bei Griechen und Römern, 4 Bde., 1.Bd. 2.Aufl. Leipzig 1912, 2.–4.Bd. Leipzig 1879–1887. ND Hildesheim 1969.

Bol, P. C., Antike Bronzetechnik. Kunst und Handwerk antiker Erzbildner, München 1985.

Brodersen, K., Die Sieben Weltwunder. Legendäre

Kunst- und Bauwerke der Antike, 7. Aufl. München 2006.

Burkert, W., Die Griechen und der Orient, 3. Aufl. München 2009.

Casson, L., Ships and Seamanship in the Ancient World, Princeton 1971.

Cotterell, B., Kamminga, J., Mechanics of pre-industrial technology, Cambridge 1990.

Coulton, J. J., Ancient Greek Architects at Work. Problems of Structure and Design, Ithaca, New York 1977.

Crouch, D. P., Water Management in Ancient Greek Cities, Oxford 1993.

Diels, H., Antike Technik, 2. Aufl. Leipzig 1920.

Domergue, C., Les mines de la péninsule ibérique dans l'antiquité romaine, Rom 1990.

Drachmann, A. G., Große griechische Erfinder, Zürich 1967.

Frei-Stolba, R. (Hrsg.), Siedlung und Verkehr im römischen Reich. Römerstrassen zwischen Herrschaftssicherung und Landschaftsprägung, Bern 2004.

Frontisi-Ducroux, F., Dédale. Mythologie de l' artisan en Grèce ancienne, Paris 1975.

Greene, K., Perspectives on Roman Technology, Oxford Journal of Archaeology 9, 1990, 209–219.

Greene, K., Technological Innovation and Economic Progress in the Ancient World: M. I. Finley re-considered, Economic History Review 53, 2000, 29–59.

Grewe, K., Licht am Ende des Tunnels. Planung und Trassierung im antiken Tunnelbau, Mainz 1998.

Grewe, K., Meisterwerke antiker Technik, Mainz 2010.

Healy, J. F., Mining and Metallurgy in the Greek and Roman World, London 1978.

Hesberg, H. v., Mechanische Kunstwerke und ihre Bedeutung für die höfische Kunst des frühen Hellenismus, Marburger Winckelmannprogramm 1987.

Hodge, A. T., Roman Aqueducts and Water Supply, London 1992.

Hoffmann, A. u. a. (Hrsg.), Bautechnik der Antike, Mainz 1991.

Höpfner, W., Der Koloss von Rhodos und die Bauten des Helios, Mainz 2003.

Humphrey, J. W. u. a. (Hrsg.), Greek and Roman Technology: A Sourcebook, Annotated translations of Greek and Latin texts and documents, London 1998.

Isager, S., Skydsgaard, J. E., Ancient Greek Agriculture. An introduction, London 1992.

Kaiser, W., König, W. (Hrsg.), Geschichte des Ingenieurs. Ein Beruf in sechs Jahrtausenden, München 2006.

Kiechle, F., Sklavenarbeit und technischer Fortschritt im Römischen Reich, Wiesbaden 1969 (Forschungen zur antiken Sklaverei Bd. 3).

Kienast, H. J., Die Wasserleitung des Eupalinos auf Samos, Bonn 1995.

Landels, J. G., Engineering in the Ancient World, London 1978 (dt. Übersetzung: Die Technik in der antiken Welt, München 1979).

Lauffer, S., Die Bergwerkssklaven von Laureion, 2. Aufl. Wiesbaden 1979 (Forschungen zur antiken Sklaverei Bd. 11).

Lauter, H., Die Architektur des Hellenismus, Darmstadt 1986.

Lendle, O., Texte und Untersuchungen zum technischen Bereich der antiken Poliorketik, Wiesbaden

1983.

Marsden, E. W., Greek and Roman Artillery. Historical Development, Oxford 1969.

Marsden, E.W. Greek and Roman Artillery. Technical Treatises, Oxford 1971.

Matthäus, H., Der Arzt in römischer Zeit. Medizinische Instrumente und Arzneien, Aalen 1989.

Meißner, B., Die technologische Fachliteratur der Antike. Struktur, Überlieferung und Wirkung technischen Wissens in der Antike (ca. 400 v. Chr.–ca. 500 n. Chr.), Berlin 1999.

Moritz, L. A., Grain-Mills and Flour in Classical Antiquity, Oxford 1958.

Müller-Wiener, W., Griechisches Bauwesen in der Antike, München 1988.

Newby, M., Painter, K. (Hrsg.), Roman Glass, Two Centuries of Art and Invention, London 1991.

Nicolet, C. (Hrsg.), Les littératures techniques dans l'antiquité Romaine. Statut, public et destination, tradition, Genf 1996.

Noble, J. V., The Techniques of Painted Attic Pottery,

London 1988.

Oleson, J. P., Greek and Roman Mechanical Water Lifting Devices: The History of a Technology, Dordrecht 1984.

Oleson, J. P., Bronze Age, Greek and Roman technology. A Select, Annotated Bibliography, New York 1986.

Oleson, J. P. (Hrsg.), The Oxford Handbook of Engineering and Technology in the Classical World, Oxford 2008.

Peacock, D. P. S., Pottery in the Roman world: an ethnoarchaeological approach, London 1982.

Pekridou-Gorecki, A., Mode im antiken Griechenland, München 1989.

Raepsaet, G., Attelages et techniques de transport dans le monde gréco-romain, Brüssel 2002.

Ritti, T., Grewe, K., Kessener, P., A relief of a water-powered stone saw mill on a sarcophagus at Hierapolis and its implications, Journal of Roman Archaeology 20, 2007, 139–163.

Roberts, C. H., Skeat, T. C., The Birth of the Codex,

London 1987.

Saldern, A. von, Antikes Glas, München 2004 (Hdb. der Archäologie).

Scheibler, I., Griechische Töpferkunst. Herstellung, Handel und Gebrauch der antiken Tongefäße, München 1983.

Schneider, H., Das griechische Technikverständnis. Von den Epen Homers bis zu den Anfängen der technologischen Fachliteratur, Darmstadt 1989.

Schneider, H., Die Gaben des Prometheus. Technik im antiken Mittelmeerraum zwischen 750 v. Chr. und 500 n. Chr., in: König, W. (Hrsg.), Propyläen Technikgeschichte Bd. 1, Berlin 1991, S. 17–313.

Schneider, H., Einführung in die antike Technikgeschichte, Darmstadt 1992.

Snodgrass, A. M., Arms and armor of the Greeks, 2. Aufl. Baltimore 1999.

Strong, D., Brown, D. (Hrsg.), Roman Crafts, London 1976.

Tölle-Kastenbein, R., Antike Wasserkultur, München 1990.

Tölle-Kastenbein, R., Das archaische Wasserleitungsnetz für Athen, Mainz 1994.

Wagner, H.-G., Mittelmeerraum, Darmstadt 2001.

Ward-Perkins, J. B., Architektur der Römer, Stuttgart 1975.

White, K. D., Greek and Roman Technology, London 1984.

White, K. D., Roman Farming, London 1970.

Wikander, Ö., Exploitation of water-power or technological stagnation?, Lund 1984.

Wikander, Ö. (Hrsg), Handbook of Ancient Water Technology, Leiden 2000.

Wild, J. P., Textile Manufacture in the Northern Roman Provinces, Cambridge 1970.

Wilson, A., Machines, Power and the Ancient Economy, Journal of Roman Studies 92, 2002, 1–32.

Zimmer, G., Griechische Bronzegusswerkstätten. Zur Technologieentwicklung eines antiken Kunsthandwerkes, Mainz 1990.

Zimmer, G., Römische Berufsdarstellungen, Berlin 1982 (Archäologische Forschungen Bd. 12).

德中译名对照表

地名

德文原文	中文译文
Alcantara	阿尔坎塔拉
Arelate	阿雷拉特 [今:(Arles)阿尔勒]
Arezzo	阿雷佐
Ariminum	阿里米努姆 [今:(Rimini)里米尼]
Anio	阿尼欧河 [今:(Aniene)阿涅内河]
Aspendos	阿斯潘多斯
Athos	阿索斯
Attika	阿提卡
Andalusien	安达卢西亚
Antikythera	安迪基西拉岛

Ancona	安科纳
Augusta Emerita (Emerita Augusta)	奥古斯塔—埃梅利塔 [今:(Mérida)梅里达]
Olynth	奥林斯
Orontes	奥龙特斯河
Ostia	奥斯提亚
Barbegal	巴贝加尔
Baetis	拜提斯河
baetica	拜提卡行省
Bedriacum	贝德里亚孔
Berenike	贝伦尼克
Portus	波尔都斯
Populonia	波普罗尼亚
Britannien	不列颠行省
Brundisium	布隆迪西姆 [今:(Brindisi)布林迪西]
Centumcellae	臣图姆切莱 [今:(Centumcellae)奇维塔韦基亚]
Dara	达拉
Tarsos	大数
Delphi	德尔菲
Dover	多佛尔
Dolaucothi	多罗寇提
Elba	厄尔巴岛
Pharos	法罗斯岛

Phrygien	弗里吉亚
Guadalquivir	瓜达尔基维尔河
Guadiana	瓜迪亚纳河
Hymettos-Gebirge	海麦塔斯山脉
Gades	加德斯[今:(Cádiz)卡迪斯]
Gard	加尔河
Gaza	加沙
Karthago	迦太基
Kithairon	基塞隆
Kythera	基西拉岛
Kalabrien	卡拉布里亚
Kassel	卡塞尔
Cartagena	卡塔赫纳
Catania	卡塔尼亚
Kampanien	坎帕尼亚
La Graufesenque	拉格罗菲桑克
La Coruña	拉科鲁尼亚
Ravenna	拉文纳
Rheinzabern	莱茵察贝恩
Langres	朗格勒
Laureion	劳里昂
Rio Tinto	里约汀托
Rhodos	罗德岛

Rhodopen-Kykladen-Massiv	罗多彼—基克拉迪—地块
Gallia Lugdunensis	卢格敦高卢行省
Lugdunum	卢格敦努姆 [今:(Lyon) 里昂]
Madradag-Gebirge	马德拉大格山脉
Makedonien	马其顿 (王国)
Massilia	马西利亚 [今:(Marseille) 马赛]
Mauretanien	毛里塔尼亚
Myos Hormos	米奥斯 侯尔莫斯
Milet	米利都
Megara	墨伽拉
Motye	摩提耶
Messina	墨西拿
Musiris	穆兹里斯 [今:(Kodungallur) 科东格阿尔卢尔]
Nar	纳尔河 [今:(Nera) 内拉河]
Gallia Narbonensis	那旁高卢行省
Naukratis	纳乌克拉提斯
Nemausus	内茂肃斯 [今:(Nîmes) 尼姆]
Nicomedia	尼科米底亚
Nubien	努比亚

Noricum	诺里库姆行省
Pergamon	帕加马
Paros	帕罗斯岛
Pomtinische Sümpfe / Pontinische Sümpfe	朋汀沼泽
Pylos	皮洛斯
Piazza Armerina	皮亚扎阿尔梅里纳
Apulien	普利亚
Puteoli	普特奥利 [今:（Pozzuoli）波佐利]
Saldae	萨尔代 [今: 阿尔及利亚的贝贾亚]
Salamis	萨拉米斯
Samos	萨摩斯
Thasos	萨索斯岛
Segovia	塞哥维亚
Selinunt	塞利农特
Thrakien	色雷斯
Tagus	塔古斯河 [今:（Tajo）塔霍河]
Tarent	塔兰托
Tyros	泰尔
Telamon	忒拉蒙
Trier	特里尔

boiotisch	维奥蒂亚的
Volturnus	沃尔图努斯河 [今:(Volturno)沃尔图诺河]
Siphnos	锡夫诺斯岛
Thera	锡拉岛[今:圣托里尼]
Hierapolis	希拉波利斯
Syrakus	叙拉古
Himera	希梅拉
Sinai	西奈山
Actium	亚克兴角
Asow	亚速
Ephesos	以弗所
Ilisos	伊利索斯河
Etrurien	伊特鲁里亚

人名、部族名

德文原文	中文译文
Apollodor von Damaskus	(大马士革的)阿波罗多洛斯
Archytas von Tarent	(塔兰托的)阿尔库塔斯
Artemis	阿耳忒弥斯

Achill	阿喀琉斯
Ammianus Marcellinus	阿米亚努斯·马尔凯里努斯
Anaxagoras	阿那克萨哥拉
Appius Claudius	阿皮乌斯·克劳狄
Ares	阿瑞斯
Attaliden	阿塔罗斯王朝的统治者
Archidamos III.	阿希达穆斯三世
Aelius Aristides	艾利乌斯·亚里士蒂德斯
Aischylos	埃斯库罗斯
Ambrogio Lorenzetti	安布罗乔·洛伦泽蒂
Ambrosius	安布罗修斯
Ancona	安科纳
Antiphon	安提丰
Odysseus	奥德修斯
Augustinus	奥古斯丁
Augustus	奥古斯都
Ausonius	奥索尼乌斯
Pausanias	保萨尼亚斯
Belisar	贝利萨留
Peisistratos	庇西特拉图
Polybios	波利比乌斯
Polykrates	波利克拉特斯

Polyphem	波吕斐摩斯
Iustinian	查士丁尼一世
Demetrios Poliorketes	（围城者）德米特里
Demosthenes	德摩斯梯尼
Diodor/Diodoros	迪奥多罗斯
Diognetos	迪奥格内图斯
Dionysios	狄奥尼修斯
Dionysos	狄厄尼索斯
Themistokles	地米斯托克利
Diogenes	第欧根尼
Epimachos	厄庇马修斯
Epimetheus	厄庇墨透斯
Epeios	厄珀俄斯
Fannius	法尼乌斯
Phäaken	法亚肯人
Philon von Byzanz	（拜占庭的）费隆
Flavius Iosephus	弗拉维乌斯·约瑟夫
Sextus Iulius Frontinus / Frontin	（赛克斯图斯·尤利乌斯·）弗龙蒂努斯
Gaius Caesar Augustus Germanicus (Caligula)	盖乌斯（卡里古拉）
Gaius Marius	（盖乌斯·）马略

Gracchen	格拉古兄弟
Gracchus	格拉胡斯
Hadrian	哈德良
Herkules	海格力斯
Hephaistos	赫菲斯托斯
Horaz	贺拉斯
Helios	赫利俄斯
Hesiod	赫西俄德
Hegetor von Byzanz	（拜占庭的）黑格托尔
G. Garbrecht	G. 加布莱西特
Cato d. Ä.	（老）加图
Chares	卡雷斯
Kallixeinos	卡里克赛诺斯
Kalypso	卡吕普索
Chersiphron	科尔斯弗隆
Claudius	克劳狄
Columella	科鲁迈拉
Knidos	柯尼多斯
Knidier	柯尼多斯人
Ktesibios	克特西比乌斯
Quintus Marcius Rex	昆图斯·玛西乌斯·雷克斯
Rutilius Namatianus	卢提利乌斯·拿马提亚努斯

Lukian	路吉阿诺斯
Marcus Antonius	马克·安东尼
M. Agrippa Marcus Vispanius Agrippa	马库斯·维普撒尼乌斯·阿格里帕
Martial	马提亚尔
Metagenes	梅达格内斯
Menes	美尼斯
Mandrokles	曼德罗克雷斯
Necho	尼科（二世）
Nysa	尼萨
Nerva	涅尔瓦
Nonius Datus	农尼乌斯·达图斯
Eumaios	欧墨鲁斯
Euthydemos	欧绪德谟
Pappos von Alexandria	（亚历山大的）帕普斯
Patroklos	帕特罗克洛斯
Persephone	佩尔塞福涅
Penelope	佩涅洛佩
Plinius (d. Ä.)	（老）普林尼
Plutarch	普鲁塔克
Prokop	普罗科普
Theagenes	塞阿戈奈斯

Celer	赛勒
Severus	塞维鲁斯
Xenophon	色诺芬
Caecilius Statius	（凯基利乌斯·） 斯塔提乌斯
Strabon	斯特拉波
Sophokles	索福克勒斯
Solon	梭伦
Theophrast	泰奥弗拉斯托斯
Telemachos	忒勒玛科斯
Thetis	忒提斯
Ptolemaios II. Philadelphos	托勒密二世费拉德尔甫斯
Ptolemaier	托勒密王朝
Varro	瓦罗
Vegetius	维盖提乌斯
Vix	维克斯
Vespasian	维斯帕先
Vitellius	维特里乌斯
Hippokrates	希波克拉底
Siphnos	希福诺斯
Heron von Alexandria	（亚历山大的）希罗
Herodot	希罗多德

Hieron	希伦
Hieron II.	希伦二世
Synesius	西内西乌斯
Isis	伊希斯
Eupalinos	尤帕里诺斯

图书在版编目（CIP）数据

古希腊罗马技术史 / [德] 赫尔穆特 · 施耐德著；张巍译．—上海：上海三联书店，2018.10

ISBN 978-7-5426-6429-7

Ⅰ．①古… Ⅱ．①赫…②张… Ⅲ．①技术史 - 古希腊 ②技术史 - 古罗马 Ⅳ．① N095

中国版本图书馆 CIP 数据核字（2018）第 178357 号

古希腊罗马技术史

著　　者 / [德] 赫尔穆特 · 施耐德
译　　者 / 张　巍
责任编辑 / 程　力
特约编辑 / 苑浩泰
装帧设计 / Metis 灵动视线
监　　制 / 姚　军
出版发行 / 上海三联书店
(201199) 中国上海市都市路 4855 号 2 座 10 楼
邮购电话 / 021-22895557
印　　刷 / 北京旭丰源印刷技术有限公司
版　　次 / 2018 年 10 月第 1 版
印　　次 / 2018 年 10 月第 1 次印刷
开　　本 / 787×1092　1/32
字　　数 / 88 千字
印　　张 / 7

ISBN 978-7-5426-6429-7/N · 17

定　价：32.80元

著作权合同登记号　图字：09−2018−625 号